Younes Sbihi
Abdelghani Iddar

Infeção por Helicobacter pylori Patogenicidade e diagnóstico

Younes Sbihi
Abdelghani Iddar

Infeção por Helicobacter pylori
Patogenicidade e diagnóstico

Infeção por Helicobacter pylori

ScienciaScripts

Imprint

Any brand names and product names mentioned in this book are subject to trademark, brand or patent protection and are trademarks or registered trademarks of their respective holders. The use of brand names, product names, common names, trade names, product descriptions etc. even without a particular marking in this work is in no way to be construed to mean that such names may be regarded as unrestricted in respect of trademark and brand protection legislation and could thus be used by anyone.

Cover image: www.ingimage.com

This book is a translation from the original published under ISBN 978-3-8416-3606-5.

Publisher:
Sciencia Scripts
is a trademark of
Dodo Books Indian Ocean Ltd. and OmniScriptum S.R.L publishing group

120 High Road, East Finchley, London, N2 9ED, United Kingdom
Str. Armeneasca 28/1, office 1, Chisinau MD-2012, Republic of Moldova, Europe
Printed at: see last page
ISBN: 978-620-7-65821-3

Índice

Introdução

A infeção por *Helicobacter pylori é* a infeção mais comum no mundo. Esta bactéria coloniza exclusivamente a mucosa gástrica e desempenha um papel importante na patogénese das doenças gastroduodenais, como a gastrite, as úlceras e o adenocarcinoma gástrico [1-2]. Esta bactéria foi descoberta por JR Warren e BJ Marshall no início da década de 1980 (Prémio Nobel da Fisiologia e Medicina 2005). Em 1994, a Agência Internacional de Investigação do Cancro (IARC) da Organização Mundial de Saúde incluiu-a como agente cancerígeno de tipo 1.

O envolvimento da *Helicobacter pylori* em várias patologias gástricas provocou uma mudança concetual, pois é a primeira vez que uma bactéria é considerada responsável por um processo gástrico tratado de forma paliativa mas não curativa. A infeção é adquirida principalmente durante as duas primeiras décadas de vida, evoluindo ao longo de vários anos. É o resultado de interacções entre os factores patogénicos da bactéria, as respostas inflamatórias e imunitárias do hospedeiro e o seu ambiente.

A infeção por *Helicobacter pylori* é universalmente prevalente e pode afetar qualquer população, mas é mais comum onde as condições socioeconómicas são desfavoráveis. A prevalência é de 70-90% nos países em desenvolvimento, mas apenas 20-30% nos países industrializados [3]. Em França, a taxa de infeção é atualmente de 20-50% na população adulta [4]. Em Marrocos, um estudo de prevalência publicado em 2013, realizado em pacientes que apresentavam várias patologias gástricas, revelou a presença de bactérias *H. pylori* em 69% dos pacientes, com uma maior prevalência de infeção (80,2%) na faixa etária de 31-40 anos [5].

O modo de transmissão da *H. pylori* é ainda incerto. Dado que as bactérias *H. pylori foram* isoladas de fezes, saliva e placa dentária, isto sugere que a transmissão é possível através da via oral-oral ou fecal-oral [6,7]. A transmissão é favorecida pela falta de higiene, água potável insalubre, má higiene alimentar e promiscuidade [8].

Esta bactéria tem determinadas características que lhe permitem sobreviver no estômago e colonizar a mucosa. Em particular, *a H. pylori* produz uma urease que hidrolisa a ureia do fluido gástrico em amoníaco, o que permite alcalinizar o ambiente e permitir a sobrevivência da bactéria num estômago ácido. Os seus flagelos conferem-lhe uma grande mobilidade no muco. A existência de um sistema de adesinas permite que a bactéria se ligue a receptores na célula epitelial gástrica. [9-10]

O diagnóstico e o tratamento da *Helicobacter pylori* são recomendados e indicados em doentes que apresentem sintomas de úlcera ou dispepsia. O diagnóstico baseia-se em numerosas técnicas de desempenho variável, cujas vantagens e limitações devem ser claramente compreendidas. O diagnóstico baseia-se numa vasta gama de métodos, agrupados segundo o seu carácter invasivo ou não invasivo **[11-12]**:

<u>Métodos não invasivos:</u>

- *Testes serológicos*: baseiam-se na deteção de anticorpos IgG *anti-H. pylori* no soro. Estes aparecem 1 a 3 meses após o início da infeção e persistem durante toda a evolução da doença. Estes anticorpos diminuem depois gradualmente. A serologia é utilizada para monitorizar e avaliar a eficácia terapêutica. A eficácia da erradicação terapêutica é acompanhada por uma redução significativa (50% em 6 meses) das imunoglobulinas circulantes.

- *Deteção de anticorpos na saliva ou na urina*: A deteção de anticorpos na saliva ou na urina pode ser utilizada no consultório médico. No entanto, a sensibilidade e a especificidade destes testes são inferiores às da serologia. Atualmente, não há lugar para eles na prática de rotina.

- *Deteção de antigénios bacterianos nas fezes:* A deteção de antigénios de H. pylori nas fezes pode **ser** realizada utilizando um ensaio de imunoabsorção enzimática (ELISA). O desempenho deste teste parece promissor, com uma sensibilidade de 94% e uma especificidade de 93% em comparação com os testes de diagnóstico convencionais (patologia, teste da urease, cultura). O carácter não invasivo deste teste permite a sua utilização tanto por rotina como para estudos epidemiológicos, nomeadamente em crianças.

- *Teste respiratório da ureia marcada:* Este teste é utilizado para detetar uma infeção ativa. $_{22}$Baseia-se na medição, no ar expirado, da quantidade de CO marcado, normalmente com carbono 13, um isótopo estável, após a passagem do CO marcado para a corrente sanguínea. $_2$A formação de CO resulta da hidrólise gástrica, pela urease da *H. pylori,* da ureia enriquecida com carbono-13 (C13) ingerida pelo doente. O ar expirado foi recolhido aos 0 e 30 minutos. $_2$Comparando a quantidade de CO marcado contido no ar expirado, é possível provar se o indivíduo está ou não infetado com *H. pylori.* A sensibilidade e a especificidade deste teste são superiores a 95%. Os falsos negativos podem ser devidos a tratamentos com antibióticos, inibidores da bomba de protões, sais de bismuto ou sucralfato. Isto significa que estes tipos de tratamento devem ser interrompidos duas semanas antes do teste. $_2$Apesar dos dados que mostram uma relação entre a extensão da excreção de CO marcado e a extensão da infeção por *H. pylori*, o teste respiratório da ureia continua a ser um teste qualitativo.

<u>Métodos invasivos:</u>

São obtidas uma ou mais biópsias da mucosa gástrica para avaliar a presença da bactéria através da deteção da sua atividade de urease, da visualização da coloração histológica ou da sua cultura. A cultura microbiológica pode também ser utilizada para efetuar estudos de sensibilidade aos antibióticos. Nos últimos vinte anos, foram desenvolvidas técnicas de deteção do genoma bacteriano para diagnosticar e detetar genes de resistência ou de patogenicidade no *H pylori* **[13-14]**.

O tratamento é feito à base de vários antibióticos e de um medicamento que reduz a acidez do estômago (chamado inibidor da bomba de protões ou IBP) e dura 10 ou 14 dias, consoante o protocolo. Em 80-90% dos casos, a infeção é eliminada. Em 10-20% dos casos, o tratamento pode falhar, quer porque as bactérias são resistentes aos antibióticos utilizados, quer porque os doentes têm dificuldade em seguir o tratamento. Se o primeiro tratamento não tiver eliminado a bactéria, o médico proporá um novo tratamento utilizando antibióticos diferentes para contornar o problema da resistência bacteriana. Devido ao risco de fracasso do tratamento, é essencial verificar se a infeção foi eliminada.

No final dos anos 2000, as quadri-terapias probabilísticas (IBP e três agentes anti-infecciosos) substituíram as tri-terapias, que continuam a ter interesse quando orientadas pela determinação prévia da sensibilidade aos antibióticos (imperativa em caso de insucessos repetidos) **[15]**.

História da descoberta da bactéria

Os microrganismos pertencentes ao género Helicobacter são bactérias de grande interesse para a medicina, particularmente devido ao seu envolvimento na patologia gastroduodenal. Mais especificamente, em 1906, Kreintz e os seus colegas publicaram a descoberta de microrganismos, semelhantes aos anteriormente mencionados, em certos pacientes com cancro gástrico [16].

A presença de microrganismos espiralados foi descrita por Doenges em 1938. O mesmo autor descreveu estas bactérias como densas, com apenas duas ou três espirais e por vezes encontradas no interior das células parietais gástricas. Dois anos mais tarde, em 1940, Freedberg e Barron detectaram a presença de bactérias curvas em 40% das amostras obtidas em gastrectomias parciais. Em seu livro, esses autores citam a associação desses microrganismos com úlceras gástricas [17].

Em 1975, Steer e Colin-Jones relataram a presença de microrganismos Gram-negativos em forma de espiral nas biopsias de doentes com úlceras gástricas, encontrados sob a camada de muco gástrico e na própria mucosa gástrica [18]. Cronologicamente, no entanto, a procura de bactérias curvas em biopsias gástricas de pacientes australianos com patologia gastroduodenal começou em 1980.

Em 1983, o género microbiano era Campylobacter e a espécie proposta era pyloridis. A um dos primeiros trabalhos científicos de Marshall e Warren, publicado no The Lancet e intitulado "Unidentified curved bacilli in the stomach of patients with gastritis and peptic ulcer disease" [19], **seguiu-se** um grande número de trabalhos que descreviam a descoberta de *Campylobacter pyloridis* na mucosa gástrica de doentes com gastrite e úlcera péptica.

Em 1985, Marshall ingeriu pessoalmente estes microrganismos, denominados *Campylobacter pyloric*, com o objetivo de provar os postulados de Koch. Este trabalho produziu um quadro de gastrite com todos os sintomas que a acompanham, bem como os dados patológicos, microbiológicos e terapêuticos necessários para demonstrar o efeito patogénico destas bactérias [20]. Em 1987, Morris estabeleceu também que a ingestão de um inóculo denso destas bactérias conduz a um quadro de infeção gástrica [21].

Estas descobertas espalharam-se por todo o mundo e, a partir de 1983, iniciou-se a investigação sobre *Campylobacter pyloridis* em amostras de biopsia gástrica de doentes. Na sequência desta investigação, surgiram as primeiras publicações. Das espécies do género Helicobacter atualmente reconhecidas, a espécie pylori é a de maior interesse, mas é necessário fazer referência a toda uma gama de espécies encontradas tanto no homem como noutros animais.

A taxonomia da *H. pylori é* apresentada no quadro seguinte:

Tabela 1. Taxonomia da Helicobacter pylori **(Marshall et al. 1985) [20].**

Reino Unido	Bactérias
Divisão	Proteobactérias
Classe	Epsilon Proteobactérias
Encomendar	Campylobacter
Família	Helicobacteraceae
Tipo	Helicobacter
Espécies	*Helicobacter pylori*

Epidemiologia

O fluido gástrico, muito ácido, tem um grande poder bactericida. Por conseguinte, o estômago era classicamente considerado estéril até à descoberta da *H. pylori*, a única bactéria capaz de sobreviver neste meio. Esta bactéria é um bom exemplo de adaptação a um nicho ecológico específico, pois certas características permitem-lhe sobreviver no estômago e colonizar a mucosa.

Prevalência e incidência

Estudos epidemiológicos demonstraram que a infeção por *H. pylori* ocorre em todo o mundo (Figura 1) **[22]**.

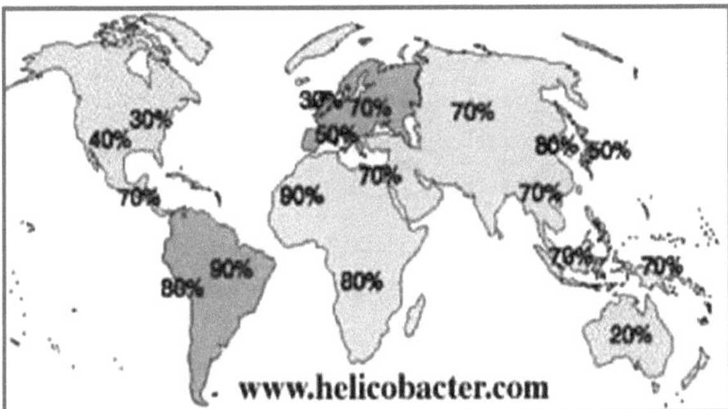

**Figura 1. Prevalência da infeção por *H. pylori* em
diferentes regiões do mundo.**

Estima-se que *a Helicobacter pylori* infecte entre 50 e 75% da população mundial, o que a torna a infeção mais disseminada no mundo **[23-24]**. Em cada 10 pessoas infectadas com a bactéria, apenas uma sofre de uma doença e nove nunca a desenvolvem, sendo esta última um regulador da homeostase gástrica. Para além da idade, o fator de risco mais importante é a privação socioeconómica **[25]**. Muitos factores têm sido estudados, mas o denominador comum é o baixo nível económico.

Pensa-se que a incidência em crianças nos países industrializados é de 1% por ano, em comparação com 3-10% nos países em desenvolvimento **[26]**.

Nos países desenvolvidos, a infeção por este agente patogénico é rara nas crianças e aumenta progressivamente com a idade, atingindo níveis de 30% de infestação aos 30 anos, valor que se mantém constante nas idades mais avançadas **[24-25]**. Nos países em desenvolvimento, a maioria da população está infetada independentemente da idade, com taxas de infeção próximas dos 70%.

Em África, a prevalência global situa-se entre 70 e 98% da população [27-28]. Em Marrocos, a infeção por *H.pylori* afecta 70% da população [29-30]. Uma coorte retrospetiva de 3.619 casos com sintomas gastroduodenais [30], recolhidos durante um período de 5 anos, mostrou uma prevalência global de cerca de 67,4%. Esta prevalência tem vindo a diminuir gradualmente desde 1996. Em Marrocos, outro estudo de prevalência publicado em 2013, realizado em pacientes que apresentavam várias patologias gástricas, revelou a presença de bactérias *H. pylori* em 69% dos pacientes, com uma maior prevalência de infeção (80,2%) na faixa etária dos 31-40 anos [5].

Transmissão da infeção

O modo de transmissão da *H. pylori* é ainda incerto. Os seres humanos são o principal reservatório. Dado que a bactéria *H. pylori foi* isolada de fezes, saliva e placa dentária, isto sugere que a transmissão é possível através da via oral-oral ou fecal-oral [6-7]. A transmissão é favorecida pela falta de higiene, água potável insalubre, má higiene alimentar e promiscuidade [23].

Nos países em desenvolvimento, a sobrelotação, a vida em comum, a falta de higiene e os vómitos frequentes contribuem para a contaminação [31]. Certas práticas culturais podem também facilitar a transmissão oral.

Nos países desenvolvidos, a contaminação oro-oral e gastro-oral é também prevalente, particularmente no seio da mesma família, através da saliva e/ou do fluido gástrico, de pais para filhos. A aquisição também é possível no seio de casais se um dos cônjuges for portador [32].

A transmissão através de fontes de água e alimentos diz respeito aos países em desenvolvimento onde a prevalência da infeção é elevada e o acesso à água potável é limitado. O consumo de vegetais crus também tem sido incriminado devido à probabilidade de poluição por água contaminada [33].

A infeção por *Helicobacter pylori está indubitavelmente* associada etiologicamente ao desenvolvimento de úlceras pépticas, gástricas e duodenais, e ao desenvolvimento de um tipo particular de linfoma gástrico (linfoma MALT). Também desempenha um papel importante no desenvolvimento do cancro gástrico; de facto, estima-se que contribui em 50% como agente etiológico na cadeia multicausal do cancro gástrico [34-35]. Esta bactéria foi classificada como carcinogéneo de tipo I pela Organização Mundial de Saúde [36].

Características microbiológicas e bioquímicas

A descoberta da *Helicobacter pylori* por Warren e Marshall em 1982 representou um marco na história da microbiologia. Surgiu um microrganismo que não só era novo para a ciência, como conduziu a um novo conceito de patologia gastroduodenal com grandes repercussões.

A H. pylori é um bacilo Gram-negativo, com 2,5 μm a 5 μm de comprimento e 0,3 μm de largura, com uma morfologia helicoidal ou espiralada em forma de S. Esta bactéria tem 4 a 6 flagelos (em comparação com um flagelo nos Campylobacter), o que lhe confcrc uma grande mobilidade e lhe permite colonizar a mucosa gástrica de metade da humanidade de forma crónica (Figura 2) **[37]**.

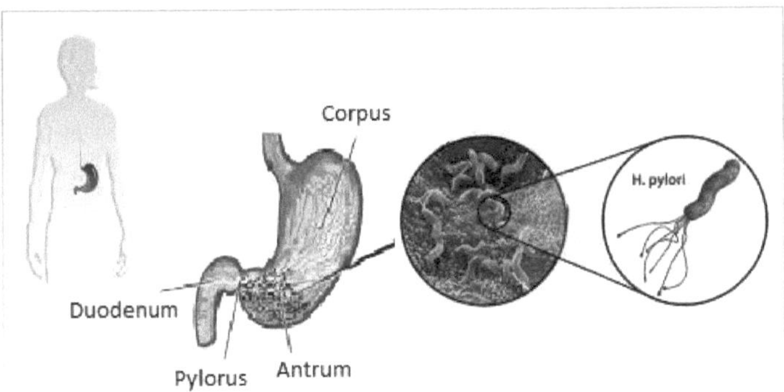

Figura 2: *O Helicobacter pylori* afecta o antro inferior do estômago.

O aspeto Gram pode ser variado, com formas bacilares em forma de U, C, S ou vírgula. Em culturas envelhecidas, as formas bacilares dão origem a formas cocóides redondas (Figura 3). Estes cocóides não são capazes de se dividir em cultura, mas mantêm um certo metabolismo e conservam estruturas funcionais compatíveis com a viabilidade **[38]**.

A H. pylori é uma bactéria exigente, com uma cultura longa, difícil e delicada e um crescimento lento. Em condições óptimas, as colónias aparecem em 3 a 7 dias para uma primocultura e em 2 a 4 dias para uma subcultura. As colónias são pequenas, regulares, redondas, abobadadas, transparentes e brilhantes.

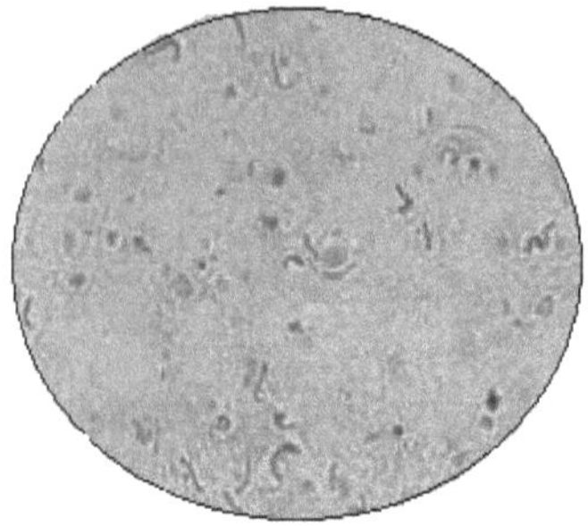

Figura 3: Exame microscópico de uma cultura após coloração de Gram. A H. pylori apresenta-se sob várias formas: bacilar, curva, em forma de U, em forma de C ou em forma de O.

Embora seja um microrganismo microaerófilo, *a H. pylori* é capaz de metabolizar a glucose (o único hidrato de carbono que utiliza) por vias oxidativas e fermentativas. Para além da via metabólica de Entner-Doudoroff, possui a via das pentoses fosfato e o ciclo do ácido tricarboxílico. Em termos das suas necessidades metabólicas, todas as estirpes necessitam dos seguintes aminoácidos: arginina, histidina, isoleucina, leucina, metionina, fenilalanina e valina **[39]**. Não hidrolisam gelatina, amido, caseína ou tirosina e são negativas para o vermelho de metilo e Voges-Proskauer. Esta bactéria tem atividade de oxidase, catalase e urease, sendo esta última a sua caraterística bioquímica mais importante.

A urease é uma enzima que desempenha um papel importante na patogénese da infeção por *H. pylori*. Ao hidrolisar a ureia, que está normalmente presente no estômago, em amoníaco, a bactéria amortece o seu próprio ambiente e protege-se da acidez gástrica. Esta proteção é essencial para a bactéria, uma vez que, sem ela, *a H. pylori* não consegue sobreviver a um pH = 2. A catalase é uma enzima que catalisa a decomposição do peróxido de hidrogénio em água e oxigénio, protegendo assim a bactéria dos efeitos nocivos dos metabolitos do oxigénio, nomeadamente do peróxido de oxigénio. Esta catalase não é essencial para o crescimento bacteriano e a sobrevivência da *H. pylori* in vitro. No entanto, a catalase é considerada um fator de virulência porque nunca foram encontrados mutantes catalase-negativos no estômago humano infetado com *H. pylori* **[40]**.

Embora o *H. pylori* seja muito homogéneo em termos das características bioquímicas utilizadas para o diagnóstico em microbiologia clínica, apresenta variabilidade genética através de mutações pontuais e recombinação inter e intragenómica, podendo ocorrer colonização por várias estirpes. É uma das espécies mais diversas da biosfera humana **[41]**. A sequência de nucleótidos do genoma de duas estirpes foi determinada: *H. pylori* 26695 e J99, verificando a variabilidade genómica das estirpes **[42]**.

Os métodos analíticos genómicos modernos, em particular a análise da sequência do ácido ribonucleico ribossómico 16S (ARNr), demonstram que Campylobacter e Helicobacter são os principais membros de um grupo distinto de bactérias (Superfamília VI do ARNr) que está distantemente relacionado com outras eubactérias [42]. Outros membros do grupo são Arcobacter, recentemente excluído do género Campylobacter, e Wolinella, que consiste numa única espécie, W. succinogenes, um habitante do rúmen bovino. O género Helicobacter contém atualmente 10 espécies oficialmente nomeadas, estando outras a aguardar uma descrição e validação adequadas.

Patologias e aspectos clínicos

A infeção ocorre geralmente na infância, colonizando a mucosa gástrica e produzindo uma gastrite superficial que pode durar toda a vida, ou ser o ponto de partida para o desenvolvimento de uma úlcera duodenal ou neoplasia gástrica. Os factores genéticos e ambientais, bem como a patogenicidade da própria bactéria, influenciam o desenvolvimento da doença em cada indivíduo [43].

É aceite que a infeção por *H. pylori* não está apenas ligada à úlcera péptica, ao carcinoma gástrico e ao linfoma MALT gástrico [44], mas, sem uma compreensão clara dos mecanismos patogénicos, pode causar anemia por deficiência de ferro, púrpura trombocitopénica ou deficiência de vitamina B12.

Aspectos clínicos

Gastrite crónica

O termo gastrite crónica indica a existência de sinais de uma resposta inflamatória na mucosa gástrica detectáveis no exame histológico de amostras de biopsia gástrica, sem sintomas ou anomalias morfológicas visíveis na endoscopia. A presença de infeção por *H. pylori* manifesta-se na superfície da mucosa por um influxo de neutrófilos para o epitélio e por uma reação no córion sob a forma de um aumento da população linfoplasmocitária [45-46]. A gastrite crónica pode também ser difusa (pangastrite ou gastrite multifocal).

Úlceras gastroduodenais

A infeção por *H. pylori* é a principal causa de úlceras pépticas gástricas e duodenais. Entre 15% e 20% dos indivíduos infectados desenvolvem uma úlcera gástrica ou duodenal (Figura 4) [47]. A prevalência de úlceras gástricas e duodenais diminuiu nas últimas décadas, mas está a aumentar com o aumento da utilização de medicamentos anti-inflamatórios não esteróides [48]. O sintoma predominante da doença ulcerosa é a dor epigástrica, que pode ser acompanhada de plenitude, inchaço, sensação de saciedade precoce e náuseas [49].

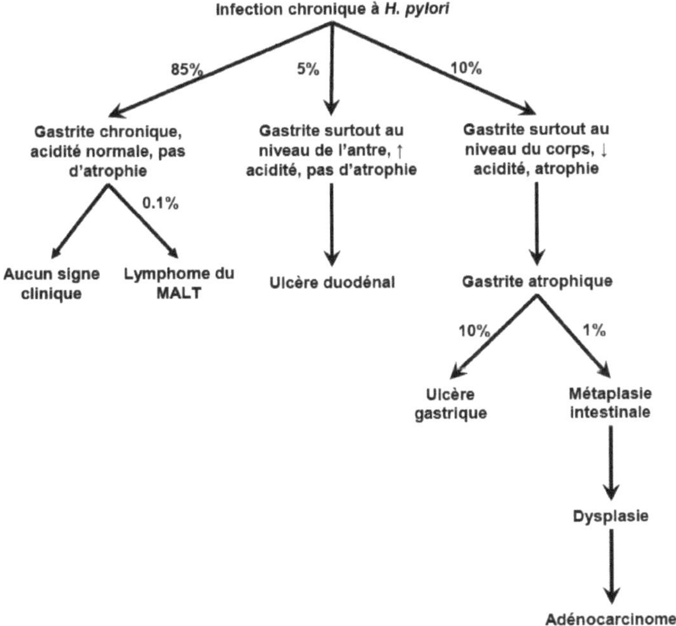

Figura 4. Patologias gastrointestinais induzidas pela infeção por *H. pylori*. Na grande maioria dos casos, a gastrite induzida pela *H. pylori* permanece assintomática. Em cerca de 0,1% dos infectados, a gastrite evolui para linfoma MALT. Em 5 a 10% dos doentes, a gastrite evolui para uma úlcera gástrica ou duodenal. Finalmente, em 1% dos doentes com gastrite atrófica, a gastrite progride para adenocarcinoma.

Uma vez erradicada a infeção, a recorrência da úlcera e das suas complicações é praticamente inexistente **[50]**.

Linfoma associado à mucosa gástrica (MALT)

O linfoma MALT gástrico (Mucosa Associated Lymphoma Tissue) é uma proliferação monoclonal de linfócitos B na zona marginal dos folículos linfóides.

Em 90% dos pacientes com malignidade gástrica de baixo grau, é detectada uma infeção por *H. pylori*, sendo este microrganismo a principal causa destes linfomas. Esta relação causal é reforçada pela regressão histológica da maioria dos linfomas em fase inicial (75-85%) após a erradicação da bactéria **[51]**.

Num estádio mais avançado de malignidade, a cura através da erradicação do *H. pylori* é mais incerta, provavelmente devido à acumulação de anomalias genéticas celulares irreversíveis **[52]**.

Adenocarcinoma gástrico

A H. pylori provoca uma inflamação crónica da mucosa gástrica, que progride lentamente para as fases pré-neoplásicas de atrofia gástrica, metaplasia intestinal, displasia e carcinoma gástrico.

A evolução destas lesões histopatológicas é conhecida como a cascata de Correa (Figura 5) **[46]**.

Figura 5. Diferentes fases da "cascata de Correa" que conduz ao adenocarcinoma tipo intestinal.

Esta infeção é o principal fator de risco e a causa mais comum de carcinoma gástrico não cardíaco, a quinta neoplasia maligna mais comum, encontrada em 90% destes doentes **[35, 53]**. O risco de cancro gástrico é até 20 vezes maior na população infetada, e ainda maior nas populações infectadas com as estirpes bacterianas mais agressivas.

A erradicação da *H. pylori* reduz o risco de cancro gástrico se ocorrer antes do início da metaplasia **[34]**.

Mecanismos de patogenicidade

Há uma série de factores ou mecanismos patogénicos que permitem que *a H. pylori* permaneça e danifique a mucosa gástrica assim que entra em contacto com o hospedeiro.

Factores que contribuem para a colonização da mucosa gástrica

A H. pylori é capaz de sobreviver e de se multiplicar no ambiente gástrico, que é desfavorável ao crescimento da maioria das bactérias devido ao seu pH ácido. As principais características que permitem à *H. pylori* colonizar o muco gástrico são a atividade da urease, a microaerofilia, a forma espiralada, os flagelos e as adesinas.

Urease

É a enzima mais abundante produzida por esta bactéria, composta por duas subunidades, UreA e UreB, e regula o pH em torno da bactéria **[54]**. A urease é uma metaloenzima que hidrolisa a ureia em amónio e dióxido de carbono. O amoníaco produzido neutraliza o ambiente ácido, enquanto um aumento excessivo de amoníaco seria tóxico para as bactérias. Este processo é regulado pelo transportador Urel. O amónio desempenha um papel importante na resposta imunitária do hospedeiro, activando os monócitos e os linfócitos polimorfonucleares e induzindo a libertação de citocinas, que contribuem para as lesões do epitélio gástrico. Além disso, produz uma série de danos que afectam a microcirculação e as células epiteliais, provocando necrose profunda dos tecidos, colaborando no desenvolvimento da gastrite atrófica crónica e facilitando o aumento das infecções virais e da carcinogénese.

Sistemas antioxidantes

A Helicobacter pylori é uma bactéria microaerofílica vulnerável à toxicidade do oxigénio. A resposta inflamatória promovida pela bactéria durante a colonização dá origem a um grande número de metabolitos reactivos ao oxigénio, pelo que *a H. pylori* possui mecanismos para descodificar estes metabolitos (enzima superóxido, catalase ou peroxidase, peroxirredoreductases, flavoproteína MdaB e sistema tioredoxina), bem como para reparar os danos sofridos (proteínas RecA, UvrABC, endonuclease III, MsutS e RuvC) **[55]**.

Motilidade

A H. pylori tem 2 a 6 flagelos unipolares que lhe conferem mobilidade e lhe permitem penetrar na camada de mucina. Os flagelos são constituídos principalmente pelas flagelinas FlaA e FlaB **[56]**. Estes flagelos estão rodeados por uma bainha de composição semelhante à da membrana externa bacteriana, que proporciona proteção contra o ambiente ácido em que as bactérias evoluem. Além disso, esta bainha reduz a libertação de epítopos imunogénicos, o que explica a ausência de ativação da via imune inata do Recetor 5 do tipo Toll (TLR), que normalmente reconhece as flagelinas [57]. Isto poderia, por conseguinte, contribuir para a persistência da bactéria no hospedeiro infetado. De facto, as estirpes não flageladas de *H. pylori* colonizam os leitões gnotobióticos apenas de forma transitória [58].

A forma curva da *H. pylori* permite-lhe penetrar na camada de mucina e alcançar as células epiteliais. *A H. pylori* desloca-se por quimioatracção para áreas da mucosa onde o pH é mais elevado [59].

Proteínas da membrana externa e adesão

A adesão da *H. pylori* à mucosa gástrica é de grande importância tanto para a colonização inicial como para a persistência da bactéria. Existem diferentes famílias de proteínas da membrana externa envolvidas neste processo.

<u>Bab-A (blood antigen binding adhesion):</u> interage com as células epiteliais gástricas através dos antigénios B de Lewis. A ligação promove uma resposta imunitária não específica e o desenvolvimento de anticorpos, o que contribui para a gastrite crónica e o desenvolvimento de úlceras gástricas e cancro gástrico [60].

<u>H. pyloriA (adesina A da *Helicobacter pylori*):</u> promove a ligação de glicoconjugados ao ácido siálico na superfície das células epiteliais e dos neutrófilos. É codificada pelo gene H. pyloriA. É um antigénio reconhecido por anticorpos e estimula a proliferação de linfócitos T e B [61].

<u>SabA (sialic acid binding adhesion):</u> liga-se aos receptores de ácido siálico nos neutrófilos, estimulando a produção de espécies reactivas de oxigénio [62].

<u>OipA (proteína inflamatória da membrana externa):</u> embora todas as estirpes possuam o gene oipA, algumas não expressam esta adesina. A sua expressão está associada a um aumento da produção de IL-8 [63]. Esta proteína também está associada a úlceras e constitui um novo evento de virulência [64].

Factores de patogenicidade que contribuem para as lesões da mucosa gástrica

Numerosos factores de virulência bacteriana estão envolvidos no processo de inflamação e danos nos tecidos que podem resultar da infeção por *H. pylori*. É feita uma distinção entre os factores que conferem à bactéria propriedades pró-inflamatórias reforçadas, principalmente a ilha de patogenicidade cag (cag PAI), a proteína OipA e a proteína DupA, e os factores que actuam diretamente na célula hospedeira, dos quais a citotoxina vacuolante (VacA) é a mais amplamente estudada.

VacA citotoxina vacuolizante

Todas as estirpes de *H. pylori* possuem o gene VacA, que codifica uma toxina em 50-60% das estirpes **[55]**. A toxina VacA, composta por duas subunidades, p33 e p55, liga-se às células hospedeiras e induz a vacuolização através da formação de canais aniónicos selectivos. A VacA parece também desencadear a cascata apoptótica, afectando diretamente a função mitocondrial e induzindo a libertação de citocromo C **[65]**. Pode também ativar o recetor Fas/CD95, que está associado à rutura da membrana mitocondrial; aumentar a expressão da ciclo-oxigenase 2 e, por conseguinte, do fator de crescimento endotelial vascular, que está associado aos carcinomas; e perturbar a maturação dos fagossomas nos macrófagos, permitindo que as bactérias aí sobrevivam **[66]**.

Existe uma diversidade considerável de sequências nos genes vacA de diferentes estirpes de *H. pylori*, identificando-se polimorfismo em três regiões variáveis: a região da sequência de sinal, a região média e a região intermédia **(Figura 6) [55, 67]**: uma região 5', que codifica o péptido de sinal (s) e a proteína Nterminal madura (s1 ou s2); uma região intermédia (i), que codifica a subunidade p33 (i1 ou i2), e uma região média (m) que codifica a subunidade p55 envolvida na ligação às células epiteliais (m1 ou m2). O tipo s1/i1/m1 VacA é altamente ativo, ao contrário do tipo s2/i2/m2 (inativo). As formas intermédias são as mais comuns. O tipo s1/i1/m2 é ativo num menor número de linhas celulares do que o tipo s1/i1/m1 porque m2 não se liga facilmente às células. O tipo s1/i2/m2 não é vacuolizante (mecanismo desconhecido).

Cover et al. demonstraram que a apoptose induzida por VacA depende também da parte N-terminal da proteína **[68]**. A proteína VacA foi também descrita como estando envolvida no bloqueio da proliferação das células T: pensa-se que a VacA induz uma via que envolve uma cascata de fosforilação/ativação que conduz à ativação da Rac GTPase e à reorganização do citoesqueleto de actina **[69]**. Estes dois fenómenos poderiam inibir a ativação e a divisão das células T **[70, 71]**. No mesmo contexto, um estudo mostrou que o VacA podia imitar parcialmente a atividade de um medicamento imunossupressor, induzindo uma imunossupressão local **[72]**. In vivo, a administração da proteína purificada a ratinhos conduziu à degeneração da mucosa gástrica e ao recrutamento de células inflamatórias **[73]**. Em última análise, esta citotoxina desempenha um papel ativo na colonização da mucosa gástrica pela *H. pylori* **[74, 75]**.

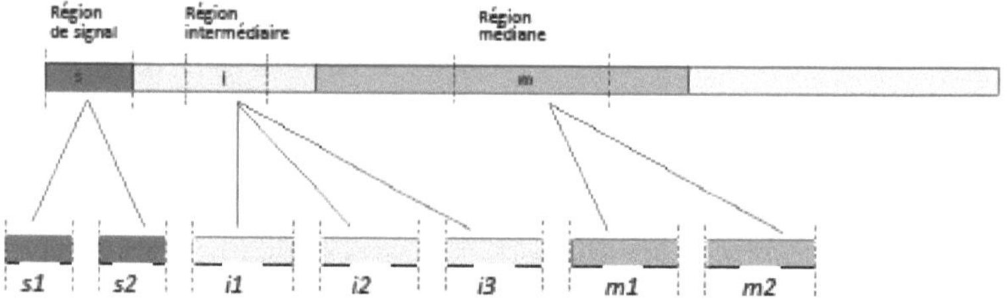

Figura 6. Estrutura do gene vacA e diversidade alélica

A ilha de patogenicidade cag

A ilha de patogenicidade cag (cagPAI) é um grupo de genes com aproximadamente 40 kb de tamanho que foi adquirido durante a evolução por transferência horizontal de genes a partir de uma fonte desconhecida. A cagPAI contém cerca de 30 genes, incluindo cagA, e genes que codificam um sistema de secreção de tipo IV (SST4) composto por várias proteínas [76]. A proteína CagA está presente em quase 90% das estirpes de países do Extremo Oriente, como o Japão, a Coreia e a China [77]. Em contrapartida, apenas 60% das estirpes de *H. pylori* isoladas em países ocidentais (América, África e Europa) possuem o gene que codifica esta proteína. Os países do Extremo Oriente têm uma elevada incidência de cancro gástrico, ao passo que os países ocidentais têm uma menor incidência de cancro gástrico. As estirpes CagA-positivas estão associadas a mais lesões inflamatórias da mucosa gástrica do que as estirpes CagA-negativas, aumentando assim o risco de cancro gástrico [78, 79].

Citotoxina CagA

Este é o fator de virulência mais estudado. Está localizada na extremidade da ilha de patogenicidade e é considerada um marcador da presença da ilha cagPAI. Esta citotoxina está associada a sintomas graves, tais como gastrite grave, atrofia da mucosa e um risco elevado de úlceras e cancro gástrico. O alvo mais amplamente estudado da CagA é a fosfatase SH. O tamanho do CagA varia consoante as estirpes, devido a variações no número de repetições de uma sequência de aminoácidos carboxi-terminal, conhecida como motivo EPIYA. As diferenças na sequência EPIYA (Glu-Pro-Ile-Tyr-Ala) indicam variabilidade geográfica e patogénica [80].

O CagA parece ser um importante fator de virulência no cancro gástrico, independentemente do estado de inflamação. Num modelo de ratinho transgénico que exprime CagA, observou-se um grande número de linfomas de células B e casos de adeno-carcinoma gástrico avançado sem a presença de gastrite, e a erradicação de *H. pylori* na fase de atrofia gástrica não reduziu significativamente a proporção de pessoas que desenvolveram cancro ao longo de um período de 5 anos, o que implica que CagA estava envolvido muito cedo no processo de carcinogénese **[79]**. Estes dados poderiam pôr em causa a cascata do processo de carcinogénese gastrite-atrofia-metaplasia-carcinoma inicialmente descrita.

Outros factores de patogenicidade

<u>Proteína activadora de neutrófilos (NAP):</u> Esta proteína tem uma função de bacterioferritina para capturar iões ferrosos intracelulares livres que podem danificar o ADN. Pode atuar como uma adesina quando segregada ou expressa na superfície bacteriana.

<u>Fosfolipases:</u> actuam como proteases, decompondo o complexo lípido-glicoproteína na camada de muco que cobre as células do epitélio gástrico.

<u>Lipopolissacárido (LPS):</u> trata-se de um fator de virulência de baixa toxicidade em comparação com outras bactérias Gram-negativas, explicando assim a capacidade da *H. pylori* para evitar provocar uma resposta imunitária eficaz do hospedeiro e, por conseguinte, produzir uma infeção crónica. Pode modular a atividade do pepsinogénio I no estômago, afectando a integridade da mucosa **[81]**.

Outras enzimas, como as mucinases, lipases, proteases e dismutases, promovem a virulência da bactéria e protegem-na dos metabolitos tóxicos.

Resposta imunitária

A colonização da bactéria no estômago pode desencadear uma resposta imunitária do hospedeiro e pode resultar em reacções sistémicas e locais que envolvem a infiltração neutrofílica e o aparecimento de anticorpos *anti-H. pylori*. A gastrite é o resultado de uma resposta imunitária local do hospedeiro e envolve a efusão de linfócitos B e T, células plasmáticas, histiócitos e, frequentemente, células polimorfonucleares **[82]**.

Imunidade inata

As células epiteliais gástricas expressam receptores de reconhecimento de padrões moleculares (PRRs) nas suas superfícies que interferem com a *H. pylori* e activam a sua expressão. Estes motivos incluem LTRs e receptores semelhantes a Nod (NLRs), que reconhecem receptores relacionados com agentes patogénicos (PAMPs), tais como LPS (lipopolissacárido), flagelinas e peptidoglicano **[83]**. A interação do sistema de secreção do tipo IV (T4SS) com os queratinócitos resulta na transferência de peptidoglicano para o citoplasma, na ativação de Nod1 e na expressão de genes pró-inflamatórios, bem como na indução da secreção das citocinas pró-inflamatórias IL-8 e IL-12 através da ativação de NF-κB. Os macrófagos na mucosa infetada segregam citocinas pró-inflamatórias e óxido nítrico e são potentes na indução de atividade bactericida. *A H. pylori* pode sobreviver à fagocitose pelos macrófagos, fazendo com que os fagossomas se fundam para formar megassomas sem fusão lisossómica.

Imunidade adaptativa

A infeção por H. pylori induz uma forte resposta das células T, incluindo tanto as células T CD4+ (T helper, Th) como as células T CD8+ (T citotóxicas), que contribuem para a inflamação **[82]**. No que diz respeito aos linfócitos T CD4+, as principais subpopulações induzidas pela infeção por H. pylori são as células Th1 e Th17 pró-inflamatórias e as células T reguladoras anti-inflamatórias (Treg). Os linfócitos Th1, favorecidos pela produção excessiva de IL-12 pelos macrófagos activados, produzem citocinas pró-inflamatórias (IFN-γ e TNF-α) que estimulam os macrófagos a segregar outras citocinas pró-inflamatórias e, por conseguinte, têm atividade bactericida **[84]**. Os linfócitos Th17 segregam IL-17, IL-21 e IL-22, causando um aumento da inflamação e do recrutamento de PNN. A gravidade da gastrite está, portanto, relacionada com o número de linfócitos Th1 e Th17 **[85]**.

Imunidade humoral

A H. pylori estimula a produção de anticorpos IgA e IgG mucosos e sistémicos, mas o efeito dos anticorpos na colonização bacteriana permanece controverso. Um relatório mostrou que a administração intra-gástrica de anticorpos IgA monoclonais específicos induziu a proteção contra a infeção por H. felis em ratos **[86]**. Em contraste, outros mostraram que IgA e IgG específicas em ratos promovem de facto a colonização bacteriana e inibem os mecanismos imunitários protectores **[86]**. A H. pylori é sensível à atividade bactericida do soro mediada pelo complemento 104, mas os ratinhos deficientes em células B podem ser imunizados com sucesso **[87]**, indicando que os anticorpos não são essenciais para a proteção. A resposta das células B desempenha um papel importante na patogénese, participando num processo autoimune precipitado pela H. pylori **[87]**. Aqui, os anticorpos reagem de forma cruzada com antigénios do hospedeiro, tais como os das células epiteliais gástricas e da H+,K+-ATPase das células parietais, potencialmente induzindo inflamação e danos locais.

A resposta das células T

Nos seres humanos, a resposta das células T à H. pylori é dominada por uma resposta T-helper 1 (Th1) na mucosa gástrica **[82]**. As células Th1 produzem IFNγ (interferão gama) e este tipo de resposta está associado à expressão de citocinas pró-inflamatórias, por exemplo, TNF α (fator de necrose tumoral alfa), IL-12 e IL-18. Quando os macrófagos são activados na presença destas citocinas de tipo 1, os macrófagos resultantes segregam factores pró-inflamatórios com maior atividade bactericida em comparação com os activados na presença de citocinas Th2. O número de células secretoras de IFN γ na mucosa gástrica humana infetada está correlacionado com a gravidade da gastrite [88].

Perspectivas para futuras vacinas

A prevalência de resistência aos antibióticos entre os isolados de H. pylori está a aumentar, com relatos de mais de 50% de isolados resistentes ao metronidazol em partes da Ásia e de África [89]. Esta resistência aos antibióticos é um problema para muitas infecções bacterianas patogénicas, e a melhor forma de controlar estas infecções em grande escala é provavelmente através de programas de vacinação. Embora a vacinação pareça ser a abordagem lógica para combater a H. pylori, a investigação de vacinas não tem sido simples. Ao longo dos anos, foram testados vários antigénios de vacinas, desde lisados de células inteiras e doses sub-infecciosas de bactérias vivas, até antigénios purificados simples ou combinados, incluindo urease, HP-NAP, CagA, VacA, catalase, proteínas de choque térmico e lipopolissacáridos. A procura de novos antigénios vacinais altamente conservados e expostos à superfície entre várias estirpes de todo o mundo continua a utilizar abordagens genómicas e proteómicas [90].

Métodos de diagnóstico

A infeção por *Helicobacter pylori* pode ser diagnosticada por métodos invasivos, envolvendo endoscopia com biopsia gástrica, ou por métodos não invasivos. O desempenho destas técnicas varia e requer uma estratégia de diagnóstico que combine várias delas para obter um desempenho diagnóstico ótimo. Algumas destas técnicas apenas indicam a presença ou não de uma infeção por *H. pylori* (serologia padrão, antigénios nas fezes, teste respiratório, atividade rápida da urease). Outras oferecem a possibilidade de avaliar as consequências da infeção na mucosa gástrica (anatomopatologia), estabelecer o antibiograma e tipificar a estirpe infetante (cultura) e procurar determinados genes de resistência ou de virulência (cultura, PCR na biopsia ou nas fezes) [14]. A escolha das técnicas a utilizar dependerá da extensão dos resultados necessários e da possibilidade ou não de endoscopia [91, 92].

O diagnóstico e o tratamento da *Helicobacter pylori* são recomendados e indicados em indivíduos que apresentam sintomas de úlcera ou dispepsia. Os vários métodos invasivos e não invasivos atualmente utilizados para o diagnóstico são descritos a seguir **[11, 12]**.

Métodos invasivos

Estes métodos requerem normalmente a realização de biopsias gástricas durante a endoscopia gastroduodenal.

Teste rápido da urease

Baseia-se na presença da urease do *H. pylori.* Nos testes convencionais, a biopsia é colocada num tubo que contém ureia e um indicador de pH. A produção de amoníaco devido à elevada atividade da urease da bactéria provoca o aumento do pH e a coloração rosa do vermelho de fenol utilizado como indicador.

Existem também testes em que a reação ocorre numa tira de teste e o resultado é obtido em 1 hora, com sensibilidade e especificidade semelhantes (90 e 95%, respetivamente).

[5]O resultado dos testes de urease depende da carga bacteriana, sendo necessário um mínimo de 10 microrganismos por biopsia para obter um resultado positivo. Em controlos pós-tratamento, a sensibilidade diminui até 60% devido à baixa carga bacteriana, e o mesmo ocorre em doentes com hemorragia gastrointestinal devido a úlcera péptica **[93]**.

As bactérias urease-positivas que contaminam o estômago podem dar falsos positivos

Exame histológico de biópsias

A histologia permite visualizar as bactérias diretamente no tecido, bem como determinar os danos histológicos, avaliando o grau de gastrite, metaplasia ou atrofia. São utilizadas várias colorações, tais como Giemsa, hematoxilina-eosina ou Warthin Starry com nitrato de prata **[93]**. Recomenda-se a obtenção de três biopsias para que a sensibilidade da histologia seja superior a 90% **[94]**.

Esta técnica não distingue entre *H. pylori* e outras espécies do género Helicobacter ou bactérias com uma morfologia semelhante **[95]**. Técnicas complementares como a imunohistoquímica e a hibridação in situ (FISH) têm uma sensibilidade de 98% e uma especificidade de 100% **[96]**.

Exame bacteriológico de biópsias

A cultura é considerada o método de referência para o diagnóstico de *H. pylori* , mas esta bactéria necessita de meios de cultura suplementados para crescer, uma atmosfera microaerofílica e um tempo de incubação prolongado: pode demorar entre

5 e 7 dias para obter a estirpe. As melhores amostras para isolamento são as biópsias retiradas do antro e dos corpos anterior e posterior **[97]**. As biópsias são normalmente transportadas em ágar semi-sólido. Podem ser mantidas no frigorífico durante 24 horas. Depois disso, é preferível congelá-las a -70°C ou em azoto líquido.

A sensibilidade da cultura varia consoante a experiência do laboratório **[95]**. A estirpe obtida pode ser utilizada para estudar a suscetibilidade antimicrobiana e para obter uma melhor compreensão da bactéria, dos seus mecanismos de patogenicidade e das suas interacções com o hospedeiro.

A identificação do género e da espécie de *H. pylori não* constitui um problema. Os requisitos de cultura (microaerofilia, ágar sangue, meio seletivo), o aspeto espiralado na observação microscópica após coloração de Gram de uma colónia espalhada numa lâmina permitem a identificação de Helicobacter. A presença de uma forte atividade de catalase, oxidase e urease permite a identificação da espécie pylori. As Helicobacter não pylori não se desenvolvem nas condições descritas. Apenas a H. helmannii pode infetar o estômago humano, mas a sua morfologia em saca-rolhas é caraterística **[19, 98]**.

A cultura é considerada o método de referência. Tem a grande vantagem de permitir a adaptação do tratamento antibiótico à sensibilidade da estirpe isolada, após o teste de suscetibilidade aos antibióticos. Foram propostos vários métodos para este efeito. Os mais utilizados são o método de difusão em disco e a determinação da CIM (concentração inibitória mínima) utilizando epsilómetros. Além disso, a cultura de estirpes é muito útil para estudar os marcadores de virulência da bactéria.

Amplificação de genes (PCR)

Esta técnica permite a deteção de sequências de ADN específicas da *H. pylori* em amostras gástricas (biópsias, sumo, muco) ou noutras amostras (saliva, placa dentária, fezes) **[95]**. No entanto, este método não confirma a presença de bactérias viáveis. O seu valor reside na deteção de bactérias presentes em baixas concentrações (monitorização pós-terapêutica). A PCR também pode ser utilizada para detetar mutações cromossómicas responsáveis pela resistência aos macrólidos e às fluoroquinolonas em biópsias gástricas e pode ser utilizada como um meio de tipagem em análises epidemiológicas. A sensibilidade e a especificidade desta técnica são da ordem dos 95% **[99]**.

As técnicas de PCR em tempo real são atualmente muito utilizadas. Uma técnica alternativa atractiva é a hibridação in situ das sequências do gene 16S rRNA com uma sonda marcada com fluoresceína (FISH: hibridação in situ por fluorescência). Trata-se de um método que não requer a amplificação do gene, mas que, quando combinado com a histologia, resulta numa maior especificidade do que a histologia convencional.

A utilização de sondas que cobrem as mutações envolvidas na aquisição de resistência a certos antibióticos permite também determinar a sensibilidade das estirpes, nomeadamente aos macrólidos.

Apesar de todos os problemas associados à PCR (risco de contaminação, necessidade de pessoal qualificado e equipamento especializado), esta técnica está a revelar-se uma boa alternativa à cultura para o diagnóstico da infeção por *H. pylori*.

Métodos não invasivos

¹³*Teste respiratório da ureia marcado C*

¹³₂₃O teste respiratório da ureia marcada baseia-se na deteção da atividade da urease da *Helicobacter pylori* no estômago (ver figura 6), que converte a ureia ingerida em CO e amoníaco (NH) **[100]**. ¹³O C é um isótopo estável e não radioativo do carbono. É completamente inofensivo e pode ser utilizado sem autorização especial.

Existem vários kits no mercado em todo o mundo, alguns dos quais são autorizados e aceites em muitos países: INFAI, TAU-Kit, UBTest, PYLORI CHEK, Héli-Kit...

O teste é geralmente efectuado da seguinte forma:

Antes de ingerir a ureia marcada, o doente, que estava em jejum desde o dia anterior e não tinha fumado, absorveu uma solução de ácido cítrico que atrasou o esvaziamento gástrico, aumentando assim o tempo de contacto entre a Helicobacter pylori e a ureia marcada;

> ¹³sopra para um tubo correspondente à primeira recolha de ar expirado (T0), que é útil porque pode conter uma certa proporção de C, consoante o alimento;

> ¹³ingere em seguida ureia marcada com um isótopo não radioativo (C) diluído em água, dose que satura a urease;

> permanece em repouso, sentado ou deitado, sem comer, beber ou fumar durante trinta minutos; em seguida, sopra num segundo tubo (T30).

O doente deve estar em jejum durante mais de 6 horas, de preferência durante a noite. A duração do teste é de cerca de 40 minutos. Se o teste tiver de ser repetido, não deve ser antes do dia seguinte.

Estas amostras são estáveis durante longos períodos (5 semanas) **[100]**.

As amostras de ar obtidas são depois analisadas por espetrometria de massa de razão isotópica (IRMS) ou outras tecnologias, como a espetrometria de infravermelhos não dispersiva ou a análise assistida por laser.

¹³¹³₂No caso da infeção por *Helicobacter pylori*, a ingestão de ureia C é seguida pelo enriquecimento do ar exalado com CO , o seu metabolito. ¹³₂O CO produzido difunde-

se nas células epiteliais e depois no sangue circulante e é eliminado pelos pulmões (Figura 7) **[101]**. [1312]A análise consiste em determinar a relação C/C no ar exalado antes e depois da ingestão de ureia marcada **[102]**. [4]O amoníaco libertado pela hidrólise bacteriana, como se descreve a seguir, é incorporado no metabolismo sob a forma de NH+. Este é o método global mais eficaz para diagnosticar e monitorizar a erradicação.

Na ausência de urease bacteriana, a quantidade total de ureia administrada, após absorção pelo trato gastrointestinal, será metabolizada como a ureia endógena.

A sensibilidade e a especificidade deste teste são superiores a 90% **[3, 103]**, dependendo do limiar de positividade, que é normalmente fixado em 5 por mil. No entanto, podem ocorrer falsos positivos devido à presença de outras bactérias urease-positivas. Além disso, a atenuação da densidade bacteriana por tratamento com antibióticos ou anti-secretores leva a falsos negativos.

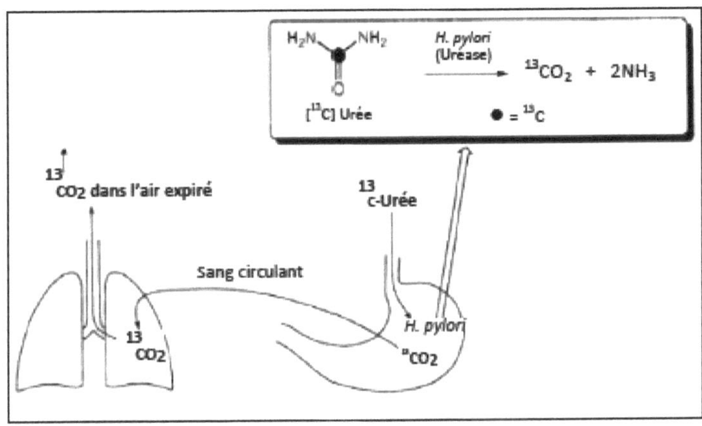

Figura 7. [1313]**Princípio do teste respiratório da ureia C (TRU C) para a deteção de *H. pylori*.**

Todos estes métodos, com exceção da serologia, são menos sensíveis em caso de tratamento antibiótico ou anti-secretor recente. A utilização de certos antibióticos pode reduzir a massa bacteriana e, por conseguinte, anular os testes. Por conseguinte, estes testes devem ser efectuados numa fase posterior, pelo menos quatro semanas após o tratamento antibiótico, para verificar a erradicação. A toma de um IBP, cada vez mais frequente, reduz igualmente a densidade bacteriana e inativa a urease sem erradicar as bactérias; é, por conseguinte, importante parar de tomar um IBP pelo menos duas semanas antes do teste respiratório. Se o doente não puder suspender o seu tratamento anti-secretor, podem ser considerados pensos gástricos, que não apresentam estes inconvenientes. Apesar do seu menor impacto, os doentes devem esperar sete dias após a toma de anti-histamínicos H2 **[3]**. Em suma, qualquer investigação de infeção deve ser efectuada pelo menos quatro semanas após a toma de antibióticos ou agentes anti-secretores.

<u>Análise por espetrometria de massa de razão isotópica (IRMS) :</u>

A IRMS é uma forma especializada de espetrometria de massa, cujo princípio consiste em separar os iões de acordo com a sua massa e carga. A amostra a examinar é introduzida numa fonte de ionização. As moléculas da amostra são então ionizadas (por bombardeamento de electrões) e aceleradas. $^{12}16_2$$^{13}16_2$Os detectores classificam os iões de acordo com a sua massa (massa 44 para o C O , massa 45 para o C O , etc.). Estes diferentes iões percorrem diferentes trajectórias circulares no campo magnético, cujos raios dependem da relação massa/carga. $^{13}12$A intensidade dos sinais é assim medida de forma específica e revela a relação C : C da amostra **[104, 105, 106]**.

O resultado da análise de cada amostra é o delta (δ), expresso em partes por mil (‰), que representa a diferença relativa entre o rácio isotópico da amostra e o de uma substância de referência. A diferença entre os δ das amostras (T = 30 e T = 0) do mesmo doente representa o delta em relação à linha de base (DOB). O resultado final do teste é geralmente considerado positivo quando o DOB é superior a 5 ‰ **[103]**.

^{13}Os valores de δ C expressos em relação ao padrão de referência são calculados utilizando a seguinte equação

$$^{13}_{\text{échréf}}\delta\ _{\text{Céch/réf}}(‰) = 1000 \text{ x } (R - R) / R_{\text{réf}}$$

onde

$_{\text{éch}}^{1312}$	R é o rácio isotópico C/ C da amostra para ensaio;
$_{\text{réf}}^{1312}$	R é a razão isotópica C/ C do padrão de referência.

Deteção de antigénios bacterianos nas fezes

Envolve a deteção de antigénios *de H. pylori* nas fezes utilizando anticorpos policlonais ou monoclonais, tendo estes últimos uma eficácia semelhante à do teste respiratório da urease **[107]**. É recomendado como uma alternativa ao URET para o diagnóstico não invasivo da *H. pylori* **[108]**.

Foi observada uma variabilidade significativa entre testes e entre lotes. Ao testar o antigénio fecal, deve prestar-se atenção à escolha dos reagentes com a melhor precisão de diagnóstico (sensibilidade e especificidade), uma vez que a avaliação mostrou que a precisão variava de acordo com os reagentes utilizados e as condições em que as fezes eram transportadas.

O teste do antigénio específico *da H. pylori é realizado* em fezes frescas ou em fezes armazenadas a baixa temperatura ou mesmo congeladas a -70°C. Estão disponíveis vários kits para este fim, sendo que os que utilizam anticorpos monoclonais oferecem os melhores resultados (Blanco et al, 2008). Na prática, este teste pode ser utilizado para o diagnóstico primário da infeção, mas é particularmente útil para monitorizar a eficácia do tratamento de erradicação. Bastante prático em pediatria, poderia ser utilizado como alternativa ao teste respiratório para o controlo da erradicação.

A necessidade de recolher e manipular as fezes e depois armazenar a amostra num local fresco até ser analisada constitui um obstáculo à difusão deste método.

Testes serológicos

A serologia foi um dos primeiros métodos utilizados para diagnosticar a infeção por *Helicobacter pylori* [109]. A infeção por Helicobacter pylori conduz a uma resposta imunitária forte e duradoura, incluindo um aumento dos níveis séricos de IgG, que permanecem elevados durante a infeção e depois diminuem lentamente, regressando a níveis comparáveis aos de indivíduos não infectados no prazo de 6 a 12 meses.

Os anticorpos séricos que aparecem durante a infeção são específicos para os antigénios da espécie H pylori, de modo que se obtiveram resultados serodiagnósticos satisfatórios mesmo utilizando extractos bacterianos brutos como antigénios [110]. Contudo, a possibilidade de reatividade cruzada, particularmente com certos antigénios do género Campylobacter, levou à utilização de antigénios purificados ou misturas de antigénios para demonstrar a resposta dos anticorpos para fins de diagnóstico. Existem atualmente no mercado numerosos kits correspondentes a uma variedade de preparações antigénicas. A maioria utiliza uma técnica ELISA e detecta apenas IgG; alguns também detectam IgA.

Os testes serológicos baseados na determinação de IgG anti-Helicobacter específica no sangue têm de ser avaliados em cada tipo de população antes da sua utilização. Nem sempre reflectem uma infeção ativa e não podem ser utilizados para avaliar os resultados da erradicação numa fase inicial, uma vez que o nível de anticorpos, que é elevado durante a infeção, só diminui gradualmente nos 4 a 6 meses que se seguem ao desaparecimento da bactéria.

Devido à sua sensibilidade, a serologia pode ser positiva, indicando uma infeção real, enquanto os testes directos, nomeadamente a cultura, podem ser negativos por diversas razões. A falta de especificidade atribuída à serologia reflecte a inadequação dos chamados testes de referência com os quais é comparada. O atual interesse renovado pela serologia está relacionado com a melhoria dos testes serológicos disponíveis, particularmente em termos de especificidade, mas também com o facto de, nos países ocidentais, cada vez mais doentes estarem a receber tratamento anti-secretor, o que leva a uma redução da sensibilidade de todos os testes de diagnóstico, exceto a serologia **[111]**.

Além disso, existem situações clínicas específicas, como a hemorragia digestiva, a atrofia gástrica, o linfoma MALT gástrico e o carcinoma gástrico, em que a serologia provou ser o teste de diagnóstico mais eficaz. De facto, o pequeno número de bactérias que colonizam o estômago nestas circunstâncias clínicas significa que os métodos de diagnóstico direto são menos sensíveis. Finalmente, estudos recentes demonstraram que os testes serológicos poderão em breve ser capazes de detetar marcadores bacterianos associados ao risco de infeção grave por *H. pylori* **[112, 113]**.

Os testes serológicos rápidos estão disponíveis no mercado há vários anos. Estes testes podem ser efectuados no sangue, na urina ou na saliva. Utilizam técnicas de imunocromatografia ou de aglutinação passiva. O seu valor prático é inegável (rapidez, facilidade de utilização) mas, até à data, a sua sensibilidade insuficiente levou a que fossem reservados aos estudos epidemiológicos **[114]**.

<u>Resumo dos métodos de diagnóstico :</u>

Métodos não invasivos	Serologia
	Teste respiratório
	Testes de antigénio das fezes
Métodos invasivos	Exame histológico de biópsias
	Exame bacteriológico de biópsias
	Amplificação de genes (PCR)
	Teste rápido da urease

Tabela 2. Resumo dos métodos de diagnóstico da *Helicobacter pylori*

O que fazer em caso de suspeita de infeção por *H. pylori*

CNPHGE. 2017. Adequação dos cuidados - Diagnóstico da infeção por Helicobacter pylori em adultos. HAS maio 2017.

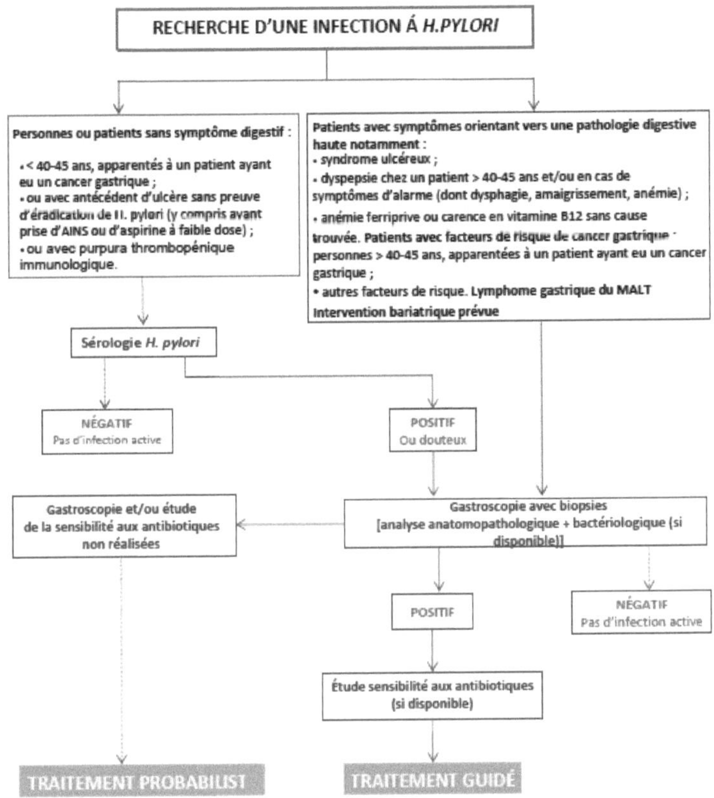

Para além das indicações para a gastroscopia

Os métodos não invasivos incluem serologia, teste respiratório de ureia marcada e teste de antigénio nas fezes (CNPHGE. 2017. Relevância dos cuidados - Diagnóstico da infeção por Helicobacter pylori em adultos. HAS maio 2017).

-A serologia está indicada para a deteção de H. pylori antes do tratamento (escolha de reagentes com sensibilidade/especificidade ≥ 90%).

- O objetivo da serologia é evitar a gastroscopia em doentes H. pylori negativos, que provavelmente não apresentam uma lesão grave à gastroscopia, e encaminhar os doentes H. pylori positivos para avaliação gastroscópica. Em caso de serologia positiva, a gastroscopia é recomendada, pois não só confirma o diagnóstico de infeção, mas sobretudo permite detetar e tratar eventuais lesões pré-neoplásicas induzidas pela bactéria; permite também efetuar um exame bacteriológico, com avaliação da sensibilidade da bactéria aos antibióticos, se tal for possível.

- A serologia detecta anticorpos IgG. Não é indicada para monitorizar a erradicação, uma vez que os anticorpos podem persistir durante meses ou mesmo anos após a erradicação da bactéria. Não há necessidade de repetir um teste serológico.

-O teste respiratório é eficaz para o diagnóstico antes do tratamento e para monitorizar a erradicação, mas só é reembolsado para monitorizar a erradicação.

-O teste de antigénio de Stool   é uma ferramenta eficaz para o diagnóstico antes do tratamento e para a monitorização da erradicação, mas não é comparticipado.

Situações especiais

A serologia é recomendada em determinadas situações em que outros testes (teste respiratório da ureia marcada, teste do antigénio fecal, exame de biopsia gástrica) são menos eficazes: úlcera hemorrágica, atrofia gástrica, linfoma MALT, utilização de antibióticos nas últimas 4 semanas, utilização de inibidores da bomba de protões (IBP) nas últimas 2 semanas.

Tratamento da H. pylori

Tratamento convencional

A elevada prevalência da infeção por H. *pylori* e as suas implicações clínicas tornaram sempre necessário racionalizar o diagnóstico da infeção e estabelecer indicações para o seu tratamento, embora o último consenso de Quioto considere a gastrite por *H. pylori como* uma doença grave, uma entidade de direito próprio, e a sua erradicação seja recomendada em todos os casos **[115]**. No entanto, a erradicação indiscriminada poderia levar a um aumento da resistência bacteriana, a um custo económico elevado e ao risco de eliminar estirpes que poderiam ter um efeito benéfico nos seres humanos.

Triterapia

O regime consiste num inibidor da bomba de protões (IBP), por exemplo, omeprazol 40 mg, amoxicilina (1 g) e outro antibiótico, como a claritromicina ou o metronidazol, duas vezes por dia, durante 14 dias **[116]**. As tri-terapias estão atualmente desactualizadas como tratamento experimental, mas podem continuar a ser uma excelente escolha com base na suscetibilidade do doente.

Quadriterapia

Estas terapias probabilísticas de 10 a 14 dias combinam um IBP com 3 antibióticos ou um IBP com subcitrato de bismuto e 2 antibióticos (tetraciclina e metronidazol) **[117]**.

Terapia sequencial

Esta terapia foi apresentada por vários investigadores italianos e baseia-se numa combinação de um IBP e Amoxicilina (1g/2 dias) durante 5 dias, seguida de um IBP e Claritromicina/Metronidazol (500g/2 por dia) durante 5 dias **[118]**. A terapia sequencial é atualmente considerada um regime obsoleto que foi substituído pelo tratamento concomitante.

Terapia concomitante

Esta terapia envolve a administração de 3 antibióticos (Metronidazol, Claritromicina e Amoxicilina) e um IBP durante 10 a 14 dias, e é eficaz em comparação com a terapia tripla convencional **[119]**.Na presença de resistência à Claritromicina ou ao Metronidazol, mas ineficaz na presença de dupla resistência à Claritromicina e ao Metronidazol **[119]**.

Factores que influenciam a eficácia do tratamento

Nenhuma das terapias pode melhorar a infeção por H. pylori em 100% dos doentes, havendo vários factores, como a resistência aos antibióticos, a má monitorização do tratamento, a carga bacteriana mais elevada, o pH gástrico baixo e outros factores que podem influenciar o resultado da terapia de erradicação **[120]**.

A causa mais significativa de insucesso do tratamento parece ser a resistência aos medicamentos, particularmente à claritromicina, que causa uma redução da eficácia do tratamento de cerca de 70% **[120]**. Em contraste, a resistência do H. pylori à amoxicilina e à tetraciclina é baixa, menos de 1% dos isolados em todo o mundo. Nunca foi observada resistência primária ou adquirida do H. pylori aos sais de bismuto.

Tratamento alternativo

Embora a humanidade sempre tenha utilizado plantas como remédios, as moléculas sintéticas desenvolvidas pela farmacopeia têm tido grande sucesso no tratamento de muitas doenças. A atual apetência pela fitoterapia resulta do facto de existirem inúmeros efeitos secundários associados à utilização destes medicamentos e de continuarem a existir várias doenças para as quais não existe cura. A abundância do reino vegetal na terra oferece uma fonte inestimável de moléculas activas para muitas doenças e, nas quantidades certas, as plantas oferecem um amplo espetro de novos compostos naturais sem efeitos secundários. Nos últimos cem anos, a indústria farmacêutica tem estado envolvida na investigação das propriedades terapêuticas das plantas medicinais, com o objetivo de identificar novas moléculas activas e compreender os seus modos de ação. Os resultados dos estudos realizados com extractos de vários tipos de plantas medicinais demonstraram efeitos antioxidantes, anti-inflamatórios, analgésicos, anticancerígenos e outros. **[121]**.

O quadro 3 apresenta as plantas mais utilizadas no tratamento da H. pylori.

Tabela 3. Exemplos de plantas utilizadas contra _H. pylori_

Nome da planta	Referência	Descrição	Figura
Alcaçuz	Wan (2009) Wittschie (2009)	uma planta perene originária do sudeste da Europa e da Ásia ocidental, que cresce espontaneamente nos prados. Sabe-se que a raiz de Realise era utilizada pelos nossos antepassados para tratar perturbações digestivas (perturbações gástricas, colite).	
Gengibre	Enciclopédia Larousse das plantas medicinais. (2001) Perotto (2013)	Planta tropical, originária da Ásia, que cresce em zonas húmidas e cujo rizoma carnudo é utilizado para tratar a dispepsia, os gases intestinais e as cólicas.	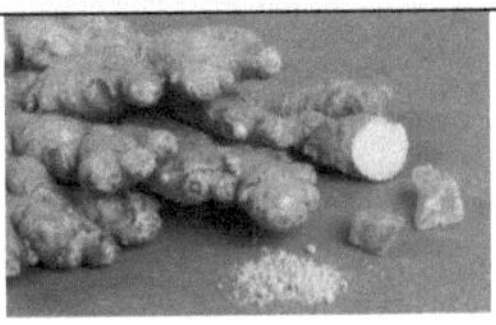
Bálsamo de limão	Ibarra et al (2010) Soulimani et al (1991)	é uma planta herbácea perene, com 40 a 80 cm de comprimento, com numerosos caules de secção quadrada e folhas largas, utilizada em infusões para reduzir as dores abdominais e a ansiedade com somatização digestiva.	
Marreco branco	Ozenda (2014) Kaabeche (1990)	é uma herbácea perene peluda com caules de 30-60 cm de altura, encontrada na Europa e no Norte de África (Argélia, Tunísia, Marrocos), crescendo em áreas não cultivadas, terras áridas e regiões de baixa montanha.	

Referências

1. Hooi JKY, Lai WY, Ng WK, Suen MMY, Underwood FE, Tanyingoh D, Malfertheiner P, Graham DY, Wong VWS, Wu JCY, Chan FKL, Sung JJY, Kaplan GG e Ng SC. Prevalência global da infeção por helicobacter pylori: revisão sistemática e meta-análise. Gastroenterologia 2017; 153: 420-429. doi: 10.1053/j.gastro.2017.04.022.

2. Padda J, Khalid K, Cooper AC, Jean-Charles G. Associação entre Helicobacter pylori e Carcinoma Gástrico. Cureus. 2021 22 de maio; 13 (5): e15165. doi: 10.7759 / cureus.15165.

3. Bouyssou C. 2014. Helicobacter pylori : l'essentiel pour comprendre. Actualités pharmaceutiques n° 536 : 20-24. http://dx.doi.org/10.1016/j.actpha.2014.02.024

4. Agência Francesa de Segurança dos Produtos de Saúde. Prise en charge thérapeutique de l'éradication de Helicobacter pylori chez l'adulte et l'enfant. Saint-Denis: AFSSAPS; 2005

5. Essadik A, Benomar H, Rafik I, Hamza M, Guemouri L, Kettani A, Maachi F. Aspectos epidemiológicos e clínicos da infeção por Helicobacter pylori através de um estudo marroquino. Hegel Vol. 3 N° 3 - 2013 p 163-169. DOI : 10.4267/2042/51450

6. Everhart JE. Recent developments in the epidemiology of Helicobacter pylori. Gastroenterology Clinics of North America, 2000, 29 (3):78-559.

7. Alta Autoridade de Saúde. Recomendações de Saúde Pública: Rastreio da infeção por Helicobacter pylori. abril de 2010, França.

8. Organização Mundial de Gastroenterologia. 2011. Diretriz global da Organização Mundial de Gastroenterologia: Helicobacter pylori nos países em desenvolvimento. J Clin Gastroenterol. 2011 May-Jun;45(5):383-8. doi: 10.1097/MCG.0b013e31820fb8f6.

9. McColl, K. E.: Infeção por Helicobacter pylori. N Engl J Med 362, 1597-1604 (2010).

10. Hsu, P.-I., Yamaoka, Y., Goh, K.-L., Manfredi, M., Wu, D.-C., Mahachai, V.: Infeção por Helicobacter pylori. BioMed Res Int 2015, 278308 (2015).

11. Mégraud Francis, Emilie Besséde e Philippe Lehours. Diagnóstico da infeção por Helicobacter pylori. Helicobacter 19 (Suppl. 1): 6-10, 2014. doi: 10.1111/hel.12161

12. HAS. Conselho Nacional Profissional de Hépato-Gastroentrologia. Pertinence des Soins, Diagnóstico da infeção por Helicobacter pylori em adultos. maio de 2017

13. Cambau E, Allerheiligen V, Coulon C, et al. 2009. Avaliação de um novo teste, o genótipo HelicoDR, para a deteção molecular da resistência aos antibióticos em Helicobacter pylori. J Clin Microbiol 2009; 47: 3600-3607.

14. Tamayo, E., Montes, M., Fernández-Reyes, M., Lizasoain, J., Ibarra, B., Mendarte, U., Pérez-Trallero, E. (2017). Resistência à claritromicina em Helicobacter pylori e seus determinantes moleculares no norte da Espanha, 2013-2015. Jornal de Resistência Antimicrobiana Global, 9, 43-46. doi:10.1016/j.jgar.2016.12.019

15. HAS. Fiche Pertinence des soins sur le traitement de l'infection par Helicobacter pylori chez l'adulte, maio de 2017. https://www.has-

sante.fr/upload/docs/application/pdf/2017-06/dir83/helicobacter_fiche_pertinence_traitement.pdf.

16. Kreintz W. Ueber das auftreten von spirochaeten verschiendner form im mageninhalt bei carcinoma ventriculi. Dtsch Med Wochenschr 1906;32:872.

17. Freedberg AS, Barron LE. A presença de espiroquetas na mucosa gástrica humana. Am J Dig Dis 1940;7:443-538.

18. Steer HW, Colin-Jones GG. Alterações da mucosa na ulceração gástrica e a sua resposta à carbenoxolona sódica. Gut 1975;16:590-597.

19. Marshall BJ, Warren JR. Bacilos curvos não identificados no estômago de pacientes com gastrite e ulceração péptica. Lancet 1984;1:1311-1315.

20. Marshall BJ, Amstrong JA, McGechie DB, Glancy RJ. Tentativa de cumprir os postulados de Koch para Campylobacter pilórica. Med J Aust 1985;142:436-469.

21. Morris a, Nicholson G. A ingestão de Campylobacter pyloridis causa gastrite e aumento do pH gástrico em jejum. Am J Gastroenterol 1987;87:192-198.

22. Cave DR. 1997. Epidemiologia e Transmissão da Infeção por Helicobacter pylori. Como é que a Helicobacter pylori é transmitida? Gastroenterology. 113: S9- S14.

23. Hunt R H, Xiao S D, Megraud F, Leon-Barua R, Bazzoli F, van der Merwe S, Vaz Coelho L G, Fock M, Fedail S, Cohen H, Malfertheiner P, Vakil N, Hamid S, Goh K L, Konturek B C Y, Krabshuis J, Le Mair A, Organização Mundial de Gastroenterologia. Helicobacter pylori in developing countries. Diretriz global da Organização Mundial de Gastroenterologia. J Gastrointestin Liver Dis. 2011 Sep;20(3):299-304.

24. Molaoa SZ. Prevalência da infeção por Helicobacter pylori e a incidência da doença maligna e úlcera péptica associada (PUD) no Hospital Acadêmico Nelson Mandela: uma análise retrospetiva. J Drug Assess. 2021 Feb 8;10(1):57-61. doi: 10.1080/21556660.2020.1854560.

25. Yuan C, Adeloye D, Luk TT, et al. A prevalência global e os factores associados à infeção por Helicobacter pylori em crianças: uma revisão sistemática e uma meta-análise. Lancet Child Adolesc Health 2022; 6: 185-94.

26. Sherif, M., Mohran, Z., Fathy, H., Rockabrand, D.M., Rozmajzi, P.J., e Frenck, R.W. Universal high-level primary metronidazole resistance in Helicobacter pylori isolated from children in Egypt. J Clin Microbiol. 2004.42: 4832-4.

27. Secka, O., Berg, D.E., Antonio, M., Corrah, T., Tapgun, M., Walton, R., Thomas, V., Galano, J.J., Sancho, J., Adegbola, R.A., e Thomas, J.E. Suscetibilidade antimicrobiana e padrões de resistência entre estirpes de Helicobacter pylori da Gâmbia, África Ocidental. Antimicrobial Agents Chem. 2013.57: 1231-7.

28. Oyedeji, K.S., Smith, S.I., Coker, A.O., e Arigbabu, A.O. Antibiotic susceptibility patterns in Helicobacter pylori strains from patients with upper gastrointestinal pathology in western Nigeria (Padrões de suscetibilidade a antibióticos em estirpes de Helicobacter pylori de pacientes com patologia gastrointestinal superior na Nigéria ocidental) Br J Biomed Sci. 2009.66: 10-3.

29. Lahbabi, M., Alaoui , S ., El Rhazi, K., El Abkari, M., Nejjari, C., Amarii, A., Bennani, B., Mahmoud, M., Ibrahimi, A., e Benajah, D.A.Sequential therapy versus standard triple-drug therapy for Helicobacter pylori eradication: result of the HPFEZ randomized study. Clin Res Hepatol Gastroenterol. 2013. 37: 416-21.

30. Attaf N., Cherkaoui N., Choulli M.K., Ghazali L., Mokhtari A., SoulaymaniA. Perfil epidemiológico da infeção por helicobacter pylori na região de Gharb-Chrarda-Béni Hssen. Biologie et santé. 2004;4 (1):25-34.

31. Bardhan P.K. Epidemiological features of Helicobacter pylori infection in developing countries (Características epidemiológicas da infeção por Helicobacter pylori nos países em desenvolvimento). Clin. Infect. Dis. 1997.25: 973-978.

32. Mapstone N.P, Lynch D.A.F, Lewis F.A, Axon A.T.R, Tompkins D.S, Dixon M.F,Quirke P.PCR identification of Helicobacter pylori in faeces from gastritis patients. Lancet ; 1993.341, 447.

33. Lu, Y., et al, Isolamento e genotipagem de Helicobacter pylori a partir de águas residuais municipais não tratadas.Appl Environ Microbiol, 2002. 68(3): p. 1436-9.

34. Chen HN, Wang Z, Li X, Zhou ZG. A erradicação da Helicobacter pylori não pode reduzir o risco de cancro gástrico em pacientes com metaplasia e displasia intestinal: evidência de uma meta-análise. Cancro Gástrico (2016) 19:166-175. DOI 10.1007/s10120-015-0462-7.

35. Moss SF. A evidência clínica que liga o Helicobacter pylori ao câncer gástrico. Cell Mol Gastroenterol, 27 de dezembro de 2016; 3 (2): 183-191. doi: 10.1016 / j.jcmgh.2016.12.001.

36. Asghar RJ, Parsonnet J: Helicobacter pylori and risk for gastric adenocarcinoma. Sem Gastroenterology 2001;12:203-208.

37. De Korwin JD. Helicobacter pylori 30 anos depois: o que há de novo? Rev Med Interne. 2014 Sep;35(9):561-4.

38. Sarem Muhannad, Corti Rodolfo. Papel das formas cocóides de Helicobacter pylori na infeção e recrudescência. Gastroenterol Hepatol. 2016 Jan;39(1):28-35. doi: 10.1016/j.gastrohep.2015.04.009.

39. Marais A, Mendz GL, Hazell SL, Mégraud F. Metabolismo e genética da Helicobacter pylori: a era do genoma. Microbiol Mol Biol Rev. 1999 Sep;63(3):642-74. doi: 10.1128/MMBR.63.3.642-674.1999.

40. De Korwin JD. [Novas recomendações para o diagnóstico e o tratamento da infeção por Helicobacter pylori].Presse Med. 2013.42(3):309-17. doi: 10.1016/j.lpm.2012.07.014.

41. Israel DA, Salama N, Krishna U, Rieger UM, Atherton JC, S Falkow S, R M Peek RM. Helicobacter pylori genetic diversity within the gastric niche of a single human host Proceedings of the National Academy of Sciences Dec 2001, 98 (25) 14625-14630; DOI: 10.1073/pnas.251551698.

42. Alm, R., Ling, LS., Moir, D. et al. Genomic-sequence comparison of two unrelated isolates of the human gastric pathogen Helicobacter pylori. Nature 397, 176-180 (1999). https://doi.org/10.1038/16495.

43. Mishra, S. A Helicobacter pylori é boa ou má? Eur J Clin Microbiol Infect Dis 32, 301-304 (2013). https://doi.org/10.1007/s10096-012-1773-9.

44. Salar, A. (2019). "Linfoma MALT gástrico e Helicobacter pylori". Med Clin (Barc) 152(2): 65- 71.

45. Versalovic J. Helicobacter pylori. Patologia e estratégias de diagnóstico. Am J Clin Pathol. 2003;119:403-12. doi: 10.1309/5DTF5HT7NPLNA6J5.

46. Correa P, Piazuelo MB. A cascata pré-cancerosa gástrica. J Dig Dis. 2012 13(1):2-9. doi: 10.1111/j.1751-2980.2011.00550.x.

47. Molaoa SZ. Prevalência da infeção por Helicobacter pylori e a incidência da doença maligna e úlcera péptica associada (PUD) no Hospital Acadêmico Nelson Mandela: uma análise retrospetiva. J Drug Assess. 2021 Feb 8;10(1):57-61. doi: 10.1080/21556660.2020.1854560.

48. Musumba C., Jorgensen A., Sutton L., Van Eker D., Moorcroft J., Hopkins M., Pritchard D. M. e Pirmohamed M. (2012). A contribuição relativa dos AINEs e do Helicobacter pylori para a etiologia da úlcera péptica diagnosticada endoscopicamente: observações de um hospital terciário de referência no Reino Unido entre 2005 e 2010. Aliment. Pharmacol. Ther. 36, 48-56. 10.1111/j.1365-2036.2012.05118.x.

49. Malfertheiner P, Sipponen P, Naumann M, Moayyedi P, Megraud F, Xiao SD, Sugano K. e Nyren O. 2005. Helicobacter pylori eradication has the potential to prevent gastric cancer: a state of the art critique. Am J Gastroenterol, 100, 2100-2115.

50. Jin X, Li Y. 2007. Revisão Sistemática e Meta-análise da Literatura Chinesa: a Associação entre a Erradicação do Helicobacter pylori e a Melhoria da Dispepsia Funcional. Helicobacter 12(5) p. 541-546. https://doi.org/10.1111/j.1523-5378.2007.00520.x

51. Kawanaka, M., Watari, J., Kamiya, N. et al. Efeitos da erradicação da Helicobacter pylori no desenvolvimento de cancro gástrico metacrónico após tratamento endoscópico: análise das alterações moleculares através de um ensaio controlado aleatório. Br J Cancer 114, 21-29 (2016). https://doi.org/10.1038/bjc.2015.418

52. Du, M.Q. (2011) Linfoma MALT: muitos caminhos levam à ativação do NF-κB. Histopatologia, 58, 26-38.

53. Padda J, Khalid K, Cooper AC, Jean-Charles G. Associação entre Helicobacter pylori e Carcinoma Gástrico. Cureus. 2021 22 de maio; 13 (5): e15165. doi: 10.7759 / cureus.15165.

54. Mobley, H.L., Island, M.D. e Hausinger, R.P. (1995) Molecular biology of microbial ureases. Microbiol Rev, 59, 451-480.

55. Cervantes-García E. Helicobacter pylori: mecanismos de patogenicidade. Rev Mex Patol Clin Med Lab. 2016; 63(2):100-109.

56. Eaton, K.A., Morgan, D.R. e Krakowka, S. (1992) Motility as a fator in the colonisation of gnotobiotic piglets by Helicobacter pylori. J Med Microbiol, 37, 123- 127.

57. Gewirtz, A.T., Yu, Y., Krishna, U.S., Israel, D.A., Lyons, S.L. e Peek, R.M., Jr. (2004) Helicobacter pylori flagellin evades toll-like recetor 5-mediated innate immunity. J Infect Dis, 189, 1914-1920.

58. Eaton, K.A., Suerbaum, S., Josenhans, C. e Krakowka, S. (1996) Colonization of gnotobiotic piglets by Helicobacter pylori deficient in two flagellin genes. Infect Immun, 64, 2445-2448.

59. Yoshiyama, H., Nakamura, H., Kimoto, M., Okita, K. e Nakazawa, T. (1999) Chemotaxis and motility of Helicobacter pylori in a viscous environment. J Gastroenterol, 34 Suppl 11, 18-23.

60. Olfat Farzad O., Zheng Quing, Oleastro Monica, Voland Petra, Borén Thomas, Karttunen Riita, Engstrand Lars, Rad Roland Prinz, Christian, Gerhard Markus. Correlação do fator de adesão BabA da Helicobacter pylori com a úlcera duodenal em quatro países

europeus. FEMS Immunology & Medical Microbiology, Volume 44, Número 2, maio de 2005, Páginas 151-156, https://doi.org/10.1016/j.femsim.2004.10.010

61. Nyström J, Svennerholm A. A imunização oral com HpaA proporciona imunidade protetora terapêutica contra H. pylori que se reflecte em respostas imunitárias específicas da mucosa. Vaccine . 2007 Mar 30;25(14):2591-8. doi: 10.1016/j.vaccine.2006.12.026

62. Yamaoka Y. Mecanismos da doença: factores de virulência da Helicobacter pylori. Nat Rev Gastroenterol Hepatol . 2010 Nov;7(11):629-41. doi: 10.1038/nrgastro.2010.154

63. Yamaoka Yoshio, Kwon Dong H., e Graham David Y.. Uma proteína de membrana externa pró-inflamatória Mr 34.000 (oipA) de Helicobacter pylori. Proc Natl Acad Sci U S A. 2000 Jun 20; 97(13): 7533-7538. doi: 10.1073/pnas.130079797

64. Oleastro, M., Cordeiro, R., Ferrand, J., Nunes, B., Lehours, P., Carvalho-Oliveira, I., Mendes, A.I., Penque, D., Monteiro, L., Mégraud, F. e Ménard, A. (2008) Avaliação do significado clínico de homB, um novo candidato a marcador de estirpes de Helicobacter pylori associadas à úlcera péptica. J Infect Dis, 198,1379-1387.

65. Palframan SL, Kwok T e Gabriel K. Vacuolating cytotoxin A (VacA), a key toxin for Helicobacter pylori pathogenesis. Front. Cell. Infect. Microbiol. 12 de julho de 2012 | https://doi.org/10.3389/fcimb.2012.00092

66. Cover TL e Blanke SR. Helicobacter pylori VacA, a paradigm for toxin multifunctionality. Nat Rev Microbiol . 2005 Abr;3(4):320-32. doi: 10.1038/nrmicro1095.

67. Rhead JL, Letley DP, Mohammadi M, Hussein N, Mohagheghi MA, Hosseini ME, Atherton JC. Um novo determinante da citotoxina vacuolante da Helicobacter pylori, a região intermédia, está associado ao cancro gástrico. Gastroenterology . 2007 Sep;133(3):926-36. doi: 10.1053/j.gastro.2007.06.056.

68. Sharndama HC, Mba IE. Helicobacter pylori: uma visão atualizada sobre os mecanismos de virulência e patogênese. Braz J Microbiol. 2022 Mar; 53(1):33-50. doi: 10.1007/s42770-021-00675-0.

69. Hofman, P., Waidner, B., Hofman, V., Bereswill, S., Brest, P. e Kist, M. (2004) Pathogenesis of Helicobacter pylori infection. Helicobacter, 9 Suppl 1, 15-22.

70. Boncristiano, M., Paccani, S.R., Barone, S., Ulivieri, C., Patrussi, L., Ilver, D., Amedei, A., D'Elios, M.M., Telford, J.L. e Baldari, C.T. (2003) The Helicobacter pylori vacuolating toxin inhibits T cell activation by two independent mechanisms. J Exp Med, 198, 1887-1897.

71. Foegeding, N. J., Caston, R. R., McClain, M. S., Ohi, M. D., & Cover, T. L. (2016). Uma visão geral da biologia da toxina VacA de Helicobacter pylori. Toxins, 8(6), 173. https://doi.org/10.3390/toxins8060173

72. Yang H, Hu B. Perspetiva Imunológica: Infeção por Helicobacter pylori e Gastrite. Mediators Inflamm. 2022 Mar 8;2022:2944156. doi: 10.1155/2022/2944156. eCollection 2022

73. Holland RL, Bosi KD, Harpring GH, Luo J, Wallig M, Phillips H, Blanke SR.Exposição crónica in vivo a Helicobacter pylori VacA: Avaliação da eficácia da infusão de toxina intragástrica automatizada e a longo prazo. Sci Rep. 2020 Jun 9;10(1):9307. doi: 10.1038/s41598-020-65787-3.

74. Salama, N.R., Otto, G., Tompkins, L. e Falkow, S. (2001) Vacuolating cytotoxin of Helicobacter pylori plays a role during colonization in a mouse model of infection. Infect Immun, 69, 730-736.

75. Caso GC, McClain MS, Erwin AL, Truelock MD, Campbell AM, Leasure CS, Nagel M, Schey KL, Lacy DB, Ohi MD, Cover TL. Functional Properties of Oligomeric and Monomeric Forms of Helicobacter pylori VacA Toxin (Propriedades funcionais das formas oligomérica e monomérica da toxina VacA da Helicobacter pylori). Infect Immun. 2021 Nov 16;89(12):e0034821. doi: 10.1128/IAI.00348-21.

76. Backert, S. e Selbach, M. (2008) Papel da secreção de tipo IV na patogénese da Helicobacter pylori. Cell Microbiol, 10, 1573-1581.

77. Maeda, S., Ogura, K., Yoshida, H., Kanai, F., Ikenoue, T., Kato, N., Shiratori, Y. e Omata, M. (1998) Os principais factores de virulência, VacA e CagA, são geralmente positivos em isolados de Helicobacter pylori no Japão. Gut, 42, 338-343.

78. Occhialini, A., Marais, A., Urdaci, M., Sierra, R., Munoz, N., Covacci, A. e Mégraud, F. (2001) Composição e expressão genética da ilha de patogenicidade cag em estirpes de Helicobacter pylori isoladas de doentes com carcinoma gástrico e gastrite na Costa Rica. Infect Immun, 69, 1902-1908.

79. Noto JM e Richard M. Peek RM. A ilha de patogenicidade Helicobacter pylori cag. Methods Mol Biol. 2012; 921: 41-50. doi: 10.1007/978-1-62703-005-2_7

80. Chomvarin C, Namwat W, Chaicumpar K, Mairiang P, Sangchan A, Sripa B, et al. Prevalência dos genótipos vacA, cagA, cagE, iceA e babA2 da Helicobacter pylori em pacientes tailandeses com dispepsia. Int J Infect Dis. 2008;12(5):30-6. doi:10.1016/j.ijid.2007.03.012

81. Mandell, L., Moran, A.P., Cocchiarella, A., Houghton, J., Taylor, N., Fox, J.G., Wang, T.C. e Kurt-Jones, E.A. (2004) Intact gram-negative Helicobacter pylori, Helicobacter felis, and Helicobacter hepaticus bacteria activate innate immunity via toll-like recetor 2 but not toll-like recetor 4. Infect Immun, 72, 6446-6454.

82. Robinson K, Argent RH, Atherton JC. 2007. A resposta inflamatória e imunitária à infeção por Helicobacter pylori. Best Practice & Research Clinical Gastroenterology, 2007, 21(2): 237-259. doi:10.1016/j.bpg.2007.01.001

83. Smith SM (2014). Papel dos receptores do tipo Toll na infeção e imunidade do Helicobacter pylori. World J Gastrointest Pathophysiol. 5 (3):133-46.

84. Adamsson J, Ottsjö LS, Lundin SB, Svennerholm AM, Raghavan S. A expressão gástrica de IL-17A e IFNγ em indivíduos infectados com Helicobacter pylori está relacionada aos sintomas. Cytokine, 2017, 99: 30-34. doi.org/10.1016/j.cyto.2017.06.013.

85. Wilke CM., Bishop K., Fox D., Zou W. (2011). Decifrando o papel das células Th17 na humandisease. Trends Immunol. 32 (12): 603-611.

86. Akhiani AA, Schon K, Franzen LE et al. Helicobacter pylori-specific antibodies impairment the development of gastritis, facilitate bacterial colonization, and counteract resistance against infection. J Immunol 15 de abril de 2004; 172(8): 5024-5033.

87. Akhiani AA, Stensson A, Schon K et al. IgA antibodies impairment resistance against Helicobacter pylori infection: studies on immune evasion in IL-10-deficient mice. J Immunol 15 de junho de 2005; 174(12): 8144-8153.

88. Lehmann FS, Terracciano L, Carena I et al. In situ correlation of cytokine secretion and apoptosis in Helicobacter pyloriassociated gastritis. Am J Physiol Gastrointest Liver Physiol Aug 2002; 283(2): G481- G488.

89. Shu X, Ye D, Hu C, Peng K, Zhao H, Li H, Jiang M. Resistência alarmante a antibióticos de Helicobacter pylori de crianças no sudeste da China ao longo de 6 anos. Sci Rep. 2022 Oct 22;12(1):17754. doi: 10.1038/s41598-022-21661-y.

90. Dieye Y, Nguer CM, Thiam F, Diouara AAM, Fall C. Recombinant Helicobacter pylori Vaccine Delivery Vehicle: A Promising Tool to Treat Infections and Combat Antimicrobial Resistance. Antibióticos (Basileia). 2022 Nov 25;11(12):1701. doi: 10.3390/antibiotics11121701.

91. Pourakbari B, Ghazi M, Mahmoudi S, Mamishi S, Azhdarkosh H, Najafi M, et al, Diagnóstico da infeção por Helicobacter pylori por testes invasivos e não invasivos. Braz J Microbiol. 2013; 44(3), 795-8.

92. Gisbert JP, Molina-Infante J, Amador J, Bermejo F, Bujanda L, Calvet X, et al. Fe de errores de "IV Conferencia Espa˜nola de Consenso sobre el tratamiento de la infección por Helicobacter pylori" <[Gastroenterol Hepatol 39 (2016) 697---721]>.Gastroenterol Hepatol. 2017;40:378.

93. Uotani T, Graham DY. Diagnóstico de Helicobacter pylori utilizando o teste rápido da urease. Ann Transl Med 2015;3(1):9.

94. Kim SE, Hwang JH.Management of Helicobacter pylori Infection: A Comparison between Korea and the United States. Gut Liver. 2022 Jul 15;16(4):503-514. doi: 10.5009/gnl210224. Epub 2021 Oct 25.

95. Patel SK, Pratap ChB, Jain AK Gulati AK, Gopal Nath G. Diagnóstico de Helicobacter pylori: Qual deve ser o padrão-ouro? World J Gastroenterol 2014 September 28; 20(36): 12847-12859.

96. Frickmann H, Zautner AE, Moter A et al. Hibridização in situ por fluorescência (FISH) no laboratório de rotina de diagnóstico microbiológico: uma revisão. Crit Rev Microbiol 2017;43: 263-93.

97. Mégraud F, Lehours P. Helicobacter pylori detection and antimicrobial susceptibility testing. Clin Microbiol Rev. 2007 Apr;20(2):280-322. doi: 10.1128/CMR.00033-06.

98. Mégraud, F., [Quando e como ocorre a infeção por Helicobacter pylori?] Gastroenterol Clin Biol, 2003. 27(3 Pt 2): p. 374-9.

99. Binmaeil H, Hanafiah A, Mohamed Rose I, Raja Ali RA. Desenvolvimento e validação do ensaio de PCR uantitativo multiplex para deteção de Helicobacter pylori e mutações que conferem resistência à claritromicina e à levofloxacina na biópsia gástrica. Infect Drug Resist. 2021;14:4129-4145. https://doi.org/10.2147/IDR.S325056.

100. Jordaan M e Laurens JB. Diagnóstico da infeção por Helicobacter pylori com o teste respiratório de 13C-ureia através da análise GC-MS. J Sep Sci 2008;31(2):329-35.

101. Wang S, Zhang WM, Reineks E. Capítulo 2. Testes respiratórios para a deteção de Helicobacter pylori e Aspergillus fumigatus. Em : Tang YM e Stratton CW, eds. Técnicas avançadas em microbiologia de diagnóstico. Nova York, NY : Springer Science; 2013

102. Mégraud F. Infeção por Helicobacter pylori: boas práticas. La Presse Médicale. 2010;39,7-8:815-22.

103. Gisbert JP, JM Pajares. 2005. [13]Teste respiratório de C-ureia no tratamento da infeção por Helicobacter pylori. Digestive and Liver Disease 37 (2005) 899-906.

104. Elbast W e Brazier JL. 1999. Non-dispersive infrared spectroscopy, an alternative to isotope mass spectrometry, the case of the 13C urea breath test. Analusis 1999; 27(3):228-31.

105. Simonova G., e Kalashnikova D. Aplicação de espetrometria de massa de razão isotópica para investigações ambientais. E3S Web of Conferences 98, 12020 (2019).

106. Bergman ME, González-Cabanelas D, Wright LP. et al. 2021. A quantificação baseada na razão isotópica da assimilação de carbono destaca o papel da disponibilidade de precursores isoprenóides plastidiais na fotossíntese. Métodos de plantas 17, 32 (2021). https://doi.org/10.1186/s13007-021-00731-8.

107. Malfertheiner P, Megraud F, O'Morain CA, Atherton J, Axon AT, Bazzoli F, Gensini GF, Gisbert JP, Graham DY, Rokkas T, El-Omar EM, Kuipers EJ; Grupo Europeu de Estudos sobre Helicobacter. 2012. Gestão da infeção por Helicobacter pylori - o Relatório de Consenso de Maastricht IV / Florença. Gut. 2012 May;61(5):646-64. doi: 10.1136/gutjnl-2012-302084. PMID: 22491499.

108. Gisbert JP, Calvet X. Estratégia "testar e tratar" do Helicobacter Pylori para o tratamento da dispepsia: uma revisão abrangente. Clin Transl Gastroenterol. 2013 Mar 28;4(3):e32. doi: 10.1038/ctg.2013.3. PMID: 23535826; PMCID: PMC3616453.

109. Aucher P, Petit ML, Mannant, PR, Pezennec L, Babin P, Fauchère JL. Utilização do ensaio immunoblot para definir padrões de anticorpos séricos associados à infeção por Helicobacter pylori e a úlceras relacionadas com H. pylori. J Clin Microbiol 1998 (4): 931-936.

110. Widmer M, de Korwin JD, Aucher P, Thiberge JM, Suerbaum S, Labigne A, Fauchère JL. Performance of native and recombinant antigens for diagnosis of Helicobacter pylori infection. Eur J Clin Microbiol Infect Dis 1999 (11): 823-826.

111. Gatta L, Vakil N, Ricci C, Osborn JF, Tampieri A, Perna F, Miglioli M, Vaira D. Effect of proton pump inhibitors and antacid therapy on 13C urea breath tests and stool test for Helicobacter pylori infection. Am J Gastroenterol 2004 (99): 823-239.

112. Murphy G, Freedman ND, Michel A, et al. Prospective study of Helicobacter pylori antigens and gastric noncardia cancer risk in the nutrition intervention trial cohort. International Journal of Cancer. 2015 Oct; 137(8):1938-1946. DOI: 10.1002/ijc.29543. PMID: 25845708; PMCID: PMC4529753.

113. El Hafa F, Wang T, Ndifor VM, Jin G. Association between Helicobacter pylori antibodies determined by multiplex serology and gastric cancer risk: A meta-analysis. Helicobacter. 2022 Jun; 27(3):e12881. DOI: 10.1111/hel.12881. PMID: 35212073.

114. Burucoa C, Delchier JC, Courillon-Mallet A, Korwin JD, Mégraud F, Zerbib F, Raymond J, & Fauchere JL. (2013). Avaliação comparativa de 29 kits sorológicos comerciais de Helicobacter pylori. Helicobacter, 2013, 18(3):169-79. doi: 10.1111/hel.12030.

115. Sugano K, Tack J, Kuipers EJ, Graham DY, El-Omar EM, Miura S, Haruma K, Asaka M, Uemura N, Malfertheiner P; membros do corpo docente da Conferência de Consenso Global de Quioto. Relatório de consenso global de Quioto sobre gastrite por Helicobacter pylori. Gut. 2015 Sep;64(9):1353-67. doi: 10.1136/gutjnl-2015-309252.

116. Graham DY, Lee SY. Como usar eficazmente a terapia quádrupla de bismuto: o bom, o mau e o feio. Gastroenterol Clin North Am. 2015 Sep; 44 (3): 537-63. doi: 10.1016 / j.gtc.2015.05.003.

117. Lamarque D., Buruco Ch., Courillon-Mallet A., de Korwin J-D., Delchier Ch., Fauchère J-L., Kalach N., Labigne A., Lehours Ph., Megraud F., Raymond J. (2012). Revisão das recomendações francesas sobre a gestão da infeção por Helicobacter pylori. Hepato-Gastro & Digestive Oncology, 19 (7) :475-502.

118. Murad S., Said M., Habib A., Elamir K., Mahmoud Amir (2013). Efeito da terapia de erradicação sequencial versus padrão de Helicobacter pylori na anemia por deficiência de ferro associada em crianças. Indian Journal of Pharmacology, 45 (5): 470-473.

119. Lamarque D, Raymond J, Megraud F, Moussata D, Heluwaert F, Lehours P, Bazin T, Burucoa C. Como é que as recomendações do Groupe d'Etude Français des Helicobacter e da Haute Autorité de Sante relativas à erradicação da Helicobacter pylori podem ser integradas na prática clínica? hépato Gastro 2017; 24: 885-890. doi: 10.1684/hpg.2017.1528

120. Mégraud F. (2004). Resistência de H. pylori aos antibióticos: prevalência, importância e avanços nos testes. Gut 53 (9):1374-1384.

121. Mushtaq A., Rasool N., Riaz M., Tareen RB., Zubair M., Rashid MK., Taufiq-Yape HY., (2013). Antioxidante, estudos antimicrobianos e caraterização do óleo essencial, óleo fixo de Clematis graveolens por GC-MS. Oxid. Commun. 36(4): 1067-1078.

Printed by Books on Demand GmbH, Norderstedt / Germany